女人的资本

聪明女人好命一生的9堂必修课

金霞◎著

黑龙江教育出版社

图书在版编目（CIP）数据

女人的资本 / 金霞著. —— 哈尔滨：黑龙江教育出
版社, 2017.9
（读美文库）
ISBN 978-7-5316-9617-9

Ⅰ.①女… Ⅱ.①金… Ⅲ.①女性 – 成功心理 – 通俗
读物 Ⅳ.①B848.4-49

中国版本图书馆CIP数据核字（2017）第233035号

女人的资本
Nvren De Ziben

金　霞　著

责任编辑	徐永进	
装帧设计	MM末末美书	
责任校对	张铁男	
出版发行	黑龙江教育出版社	
	（哈尔滨市南岗区花园街158号）	
印　　刷	保定市西城胶印有限公司	
开　　本	880毫米×1230毫米　1/32	
印　　张	7	
字　　数	140千	
版　　次	2018年1月第1版	
印　　次	2018年1月第1次印刷	

书　号	ISBN 978-7-5316-9617-9	定　价	26.80元

黑龙江教育出版社网址：www.hljep.com.cn
如需订购图书，请与我社发行中心联系。联系电话：0451-82533097　82534665
如有印装质量问题，影响阅读，请与我公司联系调换。联系电话：010-64926437
如发现盗版图书，请向我社举报。举报电话：0451-82533087

女人如花，天生娇艳。从枝叶繁茂到含苞待放，从恣意怒放到硕果累累。或是带刺的玫瑰，或是沉静的百合，或是高傲的郁金香，或是温暖的康乃馨。每一种都有每一种的摇曳，每一朵都有每一朵的妩媚，每一个阶段都有每一个阶段的独特美丽。

孩童时候的女人称之为女孩，无忧无虑、真诚坦率。这个年龄段的女孩就像一滴露珠，纯洁透明得让人一眼望得到心底，唯恐一阵风都给吹碎了。她们眼神中透着灵性、透着清澈，这种美丽就像清晨中一朵含苞待放的花蕊，柔嫩得使人心疼。

成年以后的女人就像一杯红酒，把自己最迷人、最妩媚的形象展示给世界，用五彩缤纷勾画出美轮美奂的画面，这个年龄的女人美在年轻、美在外表、美在醇香，让人忍不住"酒不醉人人自醉"。

做了母亲的女人称之为主妇，她们是维系一个家庭最重要的组成，这个年龄段的女人就像一杯咖啡，有些苦涩，有些不易，有些艰辛，这一切，都被女人默默地独自一人承受，把困难留给自己，呈现给他人的却永远是坚强与温暖。

年老的女人，丰富的人生阅历，充实的内心涵养，是她们沉甸甸的收获。"夕阳无限好"写的就是年老的女人，只有她们才能体现夕阳的绝美，留在人们的记忆中经久不褪。

一路鲜花，一路幸福。这就是一个女人最为完美的一生。然而女人的生命只有一次，没有机会重新再来。在这个过程中你要一边成长一边摸索，你可能会遇上这样那样的困难，在障碍和迷茫面前，你只有依靠自己厚实的资本、出色的能力才能走出生活的沼泽，迎来阳光明媚的明天。

《女人的资本》是一份为所有内心迷茫困惑的现代女性量身打造的幸福指南和成长地图，指引女人从容地游走于生活的各个领域，并建立平衡和谐的幸福法则。它旨在启发女人：只要努力挖掘自己潜在的天赋资本，并大力去开拓和利用，让自己每一个生命层面资本——容貌、智慧、感情、家庭、事业更加丰厚与完整，每个女人都能美丽一生、幸福一生。

要成为一个资本雄厚的女人并不难，只要女人肯用心。世间本没有多少东西是天生的，也没有什么东西是永远学不会的。只有不断地学习和积极改善的女人，才能挖掘和掌握最多的资本。

希望这些温馨隽永而又激荡女性灵魂的文字，以最理想而实用的方式，激发女人自己前所未有的创造力和激情，让每一个女人全然地接纳自己、珍惜自己、欣赏自己、完美自己。挖掘潜能，创造成就，幸福人生。

请记住，女人的幸福，从来都只跟自己有关。

目录
Contents

第八章 金钱独立，女人才独立：女人的金钱资本

第九章 宠爱自己，呵护幸福：女人的身体资本

第一章

你当温柔，且有力量：女人的情商资本

好心态，幸福像花儿一样

每一个女人都向往幸福，常常有女人问，怎样才能拥有幸福？做什么工作最幸福？嫁个什么样的人最幸福？其实，一个人生命的质量取决于每天的心态，女人的幸福感来源于好的心态。

独立、平和、感恩、善良、宽容、坦然，一旦拥有了这些心态，无论一个女性从事什么职业，家庭是否幸福，孩子是否出色，她的眼神都会清澈，神情都会自信，都会用细腻的心思去感受周围的一切。她的生活会因此充满温暖的氛围，周围的人都喜欢与她在一起，感受她带来的愉悦气息，这样的女人，怎会不幸福呢？

女人，要时时保持平和的心态，把自己变成幸福的主人。虽然女人的美丽有很多种，可是慢慢的，当女人老去时，很多种的美丽都会慢慢褪色，只有心态这种美丽会随着幸福的加深越来越灿烂。

女性一定要清醒地认识到心态在决定自己人生成功上的作用——你怎样对待生活，生活就怎样对待你。

到底女人怎样才能保持一种良好的心态呢？

第一，选择好你的目标，即弄清楚自己到底需要达成什么样的结果。

第二，选择好能帮助目标达成的信念。这是因为，信念与态度之间是因与果的关系，信念是因，态度是果，即有什么样的信念，就有什么样的态度。

第三，把焦点放在你的目标上。也就是说凡事要积极思考，将注意的焦点完全集中在你最终想达到的那个目标上，千万不要放在你不想要或得不到的地方。

第四，模仿成功者的态度。与成功者交朋友，模仿成功者的态度、信念、习惯、策略，就是快速成功的最佳策略。今天，你看什么书，跟什么人在一起，可能决定五年后你成为什么样的人。

第五，拥有良好的心态，要学会忘记、宽容过去。不原谅，等于给了别人持续伤害你的机会。要敢于向前，以柔克刚，宽容大度，反应得体，推己及人，勇于承认自我。如果不善于妥协，对当前状况不满意，那你就会永远生活在痛苦中。

第六，养成一种习惯，善于发现生活中美好的方面。学会欣赏每个感动的瞬间，热爱生命。"爱人者人恒爱之，敬人者人恒敬之。"懂得关怀获得朋友，懂得放心获得轻松，懂得遗忘获得自由。活在当下，心态阳光，相信未来一定会比现在更美好，微笑前行。

保持平和健康的心态，才能使自己随时随地散发光彩。缺少阳光的日子很阴郁，对自己说"没什么"；失去朋友的生活很寂寞，笑着说"会好的"。并非放纵所有的过错，只是拒绝沉溺，自己安慰自己。失去所有依靠的时候，要抱紧自己，温暖自己。寒冷的时候，让我们自己取暖，不哭泣！

幸福就像一只蝴蝶，你追它时追不着，当你静下来的时候，蝴蝶会栖息在你的身旁。幸福是一种心态，幸福的女人，始终以积极的方式回应生活中的酸甜苦辣和旦夕祸福。

西方有一条格言：怀着爱心吃菜，胜过怀着恨吃牛肉。时时怀有健康明媚的心态，幸福感会像花儿般绽放，芳香满园。

善解人意，美好女人善良心

记得有这样一句话："男人要坚强，女人要善良。"这个善良不是"日行一善"的"善"，而是"温柔，善解人意"的意思。这样的女子是男人的最爱，与美丽漂亮无关，她会顾全男人的面子，让男人坚强。

作为一个女人，在任何社会与环境里，华丽打扮的美丽与娇媚容貌的美丽都只是暂时的；而善良的女人总被认为是永远的美丽，因为善良这种美丽是用"心"品出来的。

善良的女人不会轻易怨天尤人，那不是无能的体现，而是善良的源泉；善良的女人不会牢骚满腹，那只能使女人有失风范；善良的女人只会不忘理解之真谛，理解他人能使女人更加美丽动人；善良的女人时时复读体贴之内涵，体贴关心他人的同时自己将收获心安理得；善良的女人在家人面前如被中棉，温暖家人之时自己也是温馨盎然的；善良的女人在朋友面前如雪中炭，燃烧自己的同时给他人送去了热情温暖；善良的女人如早茶，用自己的身躯泡出足够的体贴，输送给家人一天的营养；善良的女人如午茶，用自己无私的心泡制柔情，把芳香时刻萦绕在亲人周围；善良的女人如晚茶，用自己花一般的心境泡制浪漫，给爱人一种忙碌后的轻松；善良的女人如香茶：在滋润他人时，自己得到人间的甘露；在为他人送去芳香时，自己也品味着生活的芬芳！

当女人经过风霜雪雨后变成了一个中年女人，年轻时的花容月貌已被无情岁月荡涤得不见当年的容颜，这是人生的自然现象，谁都无法回避；花无百日红，人亦不能永葆青春，这是自古以来的道理；所以，不能只看花儿妖娆之时就得意忘形，要想到有那么一天花儿会凋零；不能在年轻之时无所顾忌，要想到自己总会有衰老的那么一天；花儿谢了还能永远留给人们那么一抹淡然清香，女人老了留给人们的就只有那一份善良了，因为只有善良才会得到世人的认可；只有善良，才使女人由内而外散发着无限的独特魅力；只有善良，女人受到伤害时才会得到同情；只有善良，女人为他人所做的付出与牺牲才会得到回报并且让人敬重！

善良的女人是本书：序言是随缘、主体是真诚、内容是浪漫、过程是温馨、旋律是以善为本、结局是宽容。女人拥有了善良，就会幸福到永久。

心地单纯，做个幸福"笨女人"

何谓"笨女人"？就是思想简单，凡事不多虑，所以总能快乐地生活，对人生的感受就是幸福。

做个幸福的"笨女人"，时常会满足现状，荣辱不惊。常怀感恩之心看待身边的人和事，笑着面对生活，感受拥有的一切，做到知足常乐。

幸福"笨女人"，没有过多的奢望，知一而足，时常满足现状，荣辱不惊，常怀感恩之心看待身边的人和事，笑着面对人生。"笨女人"从不看低自己的老公，也许太优秀的男人并不适合自己，就如穿鞋，适合自己的鞋只有一双。"笨女人"更不会去羡慕别人的荣华富贵，也许宁静淡泊的生活才是自己真正想要的。这是笨女人的"笨"现实观。

幸福"笨女人"，没有太多的牵强，只有一颗宽容的进取心，她会留给老公一定的自由尺度。留给对方足够的空间，让他安坦的去做他自己的事儿，更不会老粘在他的身边，也留给自己一个相对独立的空间修饰自己，提高自己的文化修养，丰富自身的内涵，跟上时代的步伐，跟上老公的脚印，永保自己的新鲜感。距离产生美是美丽"笨女人"的"笨"审美观。

幸福"笨女人"，没有奇梦异想，自在充实，虽然没有娇好的容貌，但会有一份自信始终写在脸上，自信会使一张平庸的面孔变得光彩照人。"笨女人"不会去幻想离自己还很遥远的梦，只会用一颗平凡心做着平常事。男人往往欣赏和喜欢自信的女人。这是美丽"笨女人"的"笨"心态观。

幸福"笨女人"，没有烦恼忧心，简单快乐，和老公相处，努力地去适应对方，而不是试图去改变对方。"笨女人"明事理，自己本身就不是十全十美的，求大同，存小异又何妨呢？对于老公的行踪从不刻意去打听，更不会随便翻看或者偷看老公手机里的秘密，在一个充满信任的氛围里，彼此其乐融融，何乐而不为呢？相信自己身边的男人，也给了自己一份简单的快乐。这是美丽"笨女人"的"笨"豁达观。

幸福"笨女人"，没有异常思维，娴静安然，头脑中永远没有怪念头，总会给足对方面子，永远不会伤害男人的自尊，更不会为一些鸡毛蒜皮的事儿吵架，很多事点到为止，得理且饶人。在婚姻里，"笨女人"知道，婚姻只是义务，而绝对不是权利，更不会用异常的心态去行使权利，只会用自己的笨手笨脚去呵护婚姻，相夫教子，用一颗恬静的心安然的在围城里游离。这是"笨女人"的"笨"处世观。也许小路的尽头，会看到两个白发苍苍的老人相互依偎……

幸福"笨女人"，在花开迷离时，总有一种别样的美，流传纷飞，化做片片美丽的花瓣，开放在一片肥沃的男人土地之上，凝望季节深处，挽起秀发，在花瓣凋零之前，挥挥笨手笨脚，依然做个幸福的"笨女人"，这一季不再犹豫，有一种特别柔媚的称谓叫作"幸福笨女人"。

做个幸福的"笨女人"，何尝不是一种快乐，生活本来就是简单的。

做个幸福的"笨女人"，何尝不是一种超然，用一颗平常的心热爱生活。

做个幸福的"笨女人"，何尝不是一种满足，常怀感恩之心面对一切。在幸福中寻找自己的位置，幸福就会如影随形！

女当温柔，且有力量

说到温柔，人们首先会想到温柔如水，温情四溢的女性。想起她们温柔的双眸，温情的微笑，温存的声音，温文尔雅的举止……如此柔情妩媚的女性，如同画家笔下的水彩画，散发出简简单单、朴朴素素的婉约之美。

上帝创造女人最大的成功，不是赋予她们外表的天生丽质，而是一份女性特有的温柔。对于女性来说，这种温柔，是一种智慧，是一种境界，是女性独具的气质，是女性似水柔情的展现，是女性心智成熟的高情商的表现。温柔是美德，也是一种力量。它像春风一样吹散人们心头的忧愁和烦恼，给人们带来幸福和快乐；它又像清澈的溪水，浇灌着亲情之树和爱情之花，使一切变得美好和谐。

其实男人对女人的渴慕，说起来不过两端——起因出于容貌，结尾在于温柔。是不是可以这样说，每个身心健康的男人，都会痴迷于女人漂亮的面孔，但这张面孔依附于你之后，男人又会在某一天顿悟，最可贵的原来是温柔。

温柔到底是什么？怎么样才算温柔？唯唯诺诺、亦步亦趋？逆来顺受、毫无主见？无条件自我牺牲？温柔的概念，应该在对传统定义进行扬弃之后，加入新的内涵。温柔是从女人的骨子散发出来的一种独特的气质，是母性与女儿性的综合体。从语言到步态，从服饰到情愫。温柔与年龄无关，甚至与外表也没有特别大的关系。

　　女性的温柔是一尊美丽的雕塑，它是由自信、幽默、宽容、丰厚一点点地雕琢而成的；女性的温柔像一块晶莹剔透的宝石，闪烁出耀眼的光芒，这灿烂的光芒，照亮了整个世界。女性因为温柔而变得可爱，生活中因为有温柔女性而变得绚丽多彩。这个世界之所以如此美好，就是因为有温柔女性来做点缀。

　　卢梭说："女人最重要的品质是温柔。"马克思则认为："女人最重要的美德是温柔。"温柔之美是女性美的最基本特征。

　　温柔是女人独有的处世法宝，温柔是男人的甜蜜杀手，温柔也是女人应有的宝贵品质。一束回眸是温柔，一声叮咛是温柔，一个爱抚是温柔，一次微笑是温柔。温柔像雾，它给女人平添一份朦胧与浪漫；温柔如风，它能拂去他人心头一切的惆怅烦忧；温柔似雨，它能温滋润一切干渴的心田。如果希望自己更妩媚、更完美、更有魅力，就应保持或发掘自己身上作为女人所独具的温柔的禀赋。

　　在日常生活中，同样是女性，而温柔的女性，却要比一般的女性更容易获取人生的快乐。在平平常常的日子里，性格温柔的女性，日子会过得有滋有味。她们的一言一行，一颦一笑，一举手一投足……尽现女性温柔本色。在复杂艰难的工作当中，学会温柔的女性，循序渐进的工作方式便会获得不少新的创意，更容易获取事业的成功。她们的兴趣情调，品质修养，能折射出一个时代的风尚和文明的程度。

　　年轻的女子可以任性，但是当她们真正的变为一个成熟的女人时，多数男人更宁愿她是一位贤淑温柔的女人。

自信正能量，女人内心要强大

为什么有些人不断成功，而另一些人却总是失败？为什么有些人总是那么幸运？而有些人似乎看不到未来？

这样的问题，在罗萨贝斯·摩斯·坎特的新书《信心》中作出了回答："这不是幸运，而是信心。别小看信心的力量。"

坎特是哈佛商学院第一位被聘为终身教授的女性，被多家跨国公司和政府机构聘为顾问。在2003年的"50名最著名商界人士"中，她位列第九，紧随通用电气前任CEO（首席执行官）韦尔奇之后。《信心》是坎特参与编写的第十五本书，她说："这本书的观点凝结了我近年来管理实践的心得。"成功和失败都是一种自我期望的实现过程，你播种什么样的种子，就会结出什么样的果实。信心是一种神奇的催化剂，有信心的人会克服所有困难，通过不懈的努力和艰苦工作求得成功。

自信不是孤芳自赏，也不是夜郎自大，自信更不是得意忘形，毫无根据地自以为是和盲目乐观；自信是激励自己积极进取的一种心态，是以高昂的斗志、充沛的精神，迎接生活挑战的一种乐观情绪，是战胜自己、告别自卑、摆脱烦恼的一剂灵丹妙药。女人可以没有美貌，可以衣着朴陋，她身上掩藏不住的那种闪亮的自信足可以让她折服所有的人。

自信的女人会正确地评价自己，发现自己的长处，肯定自己的能力。她理解"人贵有自知之明"，这个"明"，是如实看到自己的短处，也是如实分析自己的长处。如果只看到自己的短处，似乎是谦虚，实际上是妄自菲薄。所以要客观地估价自己，在认识缺点和短处的基础上，找出自己的长处和优势。自信的女人会欣赏自己，表扬自己，把自己的优点、长处、成绩、满意的事情，统统找出来，自己给自己鼓掌，自己给自己喝彩，反复刺激和暗示自己"我可以""我能行""我真行"，让自己感到生命有活力，生活有盼头，从而保持奋发向上的劲头。

自信的女人不会过多地自我否定而自惭形秽，对自己的能力、学识、品质等自身因素能够客观评价；自信的女人心理承受能力不会太脆弱，不会多愁善感，行为畏缩、猜疑妒忌，瞻前顾后；自信的女人没有看破红尘的感叹和流水落花春去也的无奈；自信的女人深谙这种心理是压抑自我的沉重精神枷锁，它消磨人的意志，软化人的信念，淡化人的追求，使人锐气钝化，畏缩不前。

母仪天下，柔弱胜刚强

女人，天生就是一个母亲。女人，天生是母亲，即使或先天，或后天的被剥夺了当母亲的权利，心中永远依恋着的是始终的深深的母性情结。

女人最终的归宿是什么，不是奢华迷靡的爱情，不是简单机械的家庭，不是纯粹索然的工作。女人最终的归宿是生命的延续，是在爱情里升华后的觉悟，是在家庭里沉淀后的深思，是在工作中积蕴后的审醒。

1. 女人因为母性而坚强

每当女人为母性的光辉所笼罩时，人们心灵都会被深深的震撼。

曾经在一个雨天里目睹过这样一个情景：一位母亲到学校门口接她的孩子。雨下得很大，她只带了一把伞。孩子没有出来的时候，她撑着那把伞遮当风雨。孩子出来了，她马上快步跑到孩子跟前，把伞罩到孩子的头上。孩子在伞的中间，而这位母亲的头只在伞的边沿。水流顺着伞冲到她的头发上，她却浑然不觉，只顾着给孩子撑伞，一切都是那么自然。

女人的体格通常是柔弱的，但当她的孩子处在危难关头时，她身上所有的能量都会在瞬间得到爆发。她会成为世间最坚固的一道屏障。

2. 女人因为母性而付出

女人，天生就是一个母亲。母性是女人天性中最坚韧的力量，这种力量一旦被唤醒，世上就没有她承受不了的苦难。

3. 女人因为母性而美丽

不管是儿子远行在外，还是夫君行役在外，女人的母性总在这个时候表露无遗，即便是丈夫，也会被当成了不懂事的儿子。具有母性光辉的女人，总是最温馨最动人的。

大街上最为动人的风景，不是时髦漂亮的女郎，而是微微发福的母亲，带着自己的孩子去吃早餐。带着孩子的女人，整个人更显得温和明朗，似乎笼罩着母性的光环。虽然外貌不见得美丽，但是眉宇间那种气质，让人不由得感到亲近。

鲁迅说过一句话：女人只有女儿性和母性，没有真正的妻性，妻性通常是女儿性和母性的结合。女儿性是女性的另一种气质，但女儿性太强，可能会显得黏人、烦人；只有母性，才能令女性显示出圣洁的光彩。

女人最具典范效应的幸福模本，应该是甜蜜的爱情，完美的家庭，稳定的工作。拥有母性的女人，也紧紧拥住了属于自己的爱情，自己的婚姻，自己的家庭，自己的事业，自己的儿女。

当一个女子身上散发出缕缕母性的柔情时，此刻的世界对于她们来说，水是纯净而馨甜的，空气是清新而湿暖的；花落花开亦是风情万种，陶然一醉共欢娱。岁月对于她们来说不是在她们柔嫩的矫颜上雕琢精细的皱纹，而是让她们的美在千沙淘尽后，沉淀出最庄重的雍容与优雅。人生，对于她们来说，已是最完美的。

老去的是岁月，年轻的是心态

岁月无情催人老，芳华刹那褪春晖。但凡是个女人，都会很在意自己的容颜。随着年龄的增长，一个人慢慢地走向年老，这是无可反抗的自然规律，没有人能够让自己永远保持青春，除非在青春时停止你的生命。

当女人慢慢地衰老时，有的人开始恐慌了，有的人开始悲哀了，有的人甚至敏感到不愿意触及年龄问题，当别人问起时，有人会回答："忘记了。"有人会说道："还小呢。"

这其实是掩耳盗铃似的自欺欺人。一个人正视自己很重要，一个女人正视自己的年龄同样重要。

年龄逐渐增大确实是必然的，首先必须要懂得这个道理。但年轻却不一定必然远去，就看怎么理解年轻了，年轻其实是一种心态，如果能保持一颗年轻的心，使年龄的增长成为一个健康、快乐的过程，那么九十岁的人也一样可以展现年轻的面貌。

况且，上了年纪的女人逐渐摆脱工作的烦恼，逐渐摆脱生活的困扰，能够拥有更多的自由，可以生活得更加自在。

你可以去办张健身卡，经常进出健身活动中心锻炼身体；你可以去买张月票，经常进出歌舞厅唱歌跳舞；你可以拿出少量积蓄投资股市用玩味的心态磨砺自己的心智；你可以投入一些精力喂养一只小猫小狗延续你的爱心；你可以学习形象设计让自己看上去年轻几岁；你可以购买时尚的服饰提高自己的生活质量；你可以结伴而行去游览祖国的大好山川……

要知道，老去的岁月我们无力阻挡，可是年轻的心态我们可以拥有。当一个年老的女人拥有年轻的心态时，那么青春、美丽就会伴着你看日落西山，望夕照云霞。

"我不会把50岁当成里程碑或者什么历史性事件之类的东西。我现在比任何时候都还要强大，或者比20年以前感觉都好。"这句话出自刚庆贺完自己的50岁生日的"百变女王"麦当娜之口。对于她来说，一切与年龄无关，年过半百时尚依旧，而现实中的50岁女人可能无法跟娜姐一样魅力无限。

年轻的魅力是无穷的，每个人都无限地向往和追求青春。但是，人自出生的那一天起，便注定了要从生长发育走向衰老，直至生命的终点。衰老是青春和健康的第一大隐患，要想最大限度地使自己保持年轻，或让自己看上去显得更年轻，就要尽可能地和衰老做有效的抗争，最大限度地发挥自己在心理方面的主观能动性和科学合理性，才能简易高效地保持健康，像麦当娜一样保持年轻。

赵朴初先生在他92岁时写出了脍炙人口的《宽心谣》："日出东海落西天，愁也一天，喜也一天；遇事不钻牛角尖，人也舒坦，心也舒坦……"女人，只要保持了一个年轻的心态，你就会有良好的心境，就能回到生命的第一状态，永葆年轻活力。

好性格成就好女人

俗话说：性格决定命运，性格对一个人的生活和人生的影响是非常显著的。有什么样的性格就有什么样的人生。女人要想赢得如意美满的生活，就要抛弃自己性格中的不良因子，培养出豁达成熟的性格。

1. 培养"铜钱"性格

有一种女性的性格犹如铜钱，外圆内方，在温柔如水的外表下，跳动着一颗坚强的心。她们已没有了狂热女权主义者的幼稚，从不摆出一副百毒不侵、盛气凌人的女强人的面孔，也从不以为这样就是坚强。她们知道：刻意追求的强悍，与自己真正的内心世界反差太大，是毫无韧性的坚硬。

恰巧相反，她们懂得用最温柔的行为出击，争取最合理的待遇与最合适的位置。而且，聪明的她们从不像工作狂那样抛弃男人与爱情，她们懂得用理智的心理去体会爱情的美妙滋味，但从不依赖爱情，却充分享受爱情带来的甜美；她们从不控制情感，却知道如何把它向美好的目的地引导。男人亲近她们，却从不敢轻侮她们。

2. 时时"心平"

我们经常在安慰别人的时候总是说要懂得"心平气和"，可是，往往在自己发怒的时候却经常忘记这一点。"心平气和"包括"心平"和"气和"两个方面，这两个方面进行比较之后我们会发现，"心平"很多时候比"气和"要重要得多，为什么？有一句名言是这样的："这个世界有太多的欲望，所以也就有了太多的欲望满足不了的痛苦。"

世界就是这样，存在着太多的欲望。而生活在其中的人，无时无刻不受到这些欲望的诱惑，在拼命追求这些欲望。可是我们知道，一个人的能力毕竟是有限的，用有限的能力去追求无限的欲望，这显然是一种不可能的事情。在这种不可能的前提下，很多人势必要失败。当失败的阴影遮盖你的双眼的时候，心情势必会变得灰暗，势必会因此而发怒。这就是发怒的整个过程，纵观这个过程，我们发现，罪魁祸首其实就是所谓的欲望，而它的主人就是我们自己。

因此，女人要做到"心平"，首先要管好自己的欲望，不要让它到处乱跑，否则，受伤害的人就是你自己。

3. 事事"气和"

除了"心平"，还要懂得"气和"。所谓"气和"就是你在和对方交往的时候一定要和声细语，即便此时你的心情糟糕到了极点，你也要保持冷静。因为你心情不好并不是因为他人引起的，我们不能主观地把自己的情绪转嫁到别人身上。这样对别人是不公平的，对你自己来说也是一种罪过。特别是对于一个追求优雅的女性来说，要懂得掩饰自己的感情，才能做到"风不惊，浪不摇"。

4. 不断追求进步

身处日新月异的科技时代，犹如逆水行舟，不进则退。成功女性深深明白这一点，所以，她们不断利用空余时间充实自己，提升自己的知识和技能。她们相信自己具有天生的优势，并努力加以后天的创造。她们比男人更加努力进取，不是对自己没信心，而是比男人更有雄心。

5. 不回避生活的缺憾

有人说："我是蜘蛛，命运就是我的网。"其实，我们的生活就是一种蜘蛛的生活，自己把自己捆在某个地方，特别是当我们遇到某个生活缺憾的时候，我们总是拔不出埋在其中的腿，即便腿埋得并不很深。

原因很简单，就是我们不懂得接受生活的缺憾。很多人都把生活的缺憾当成一种瘟疫，能躲则躲，能避则避。可实际上这种缺憾是上帝给予我们的一个礼物，只是因为这种礼物的外包装并不漂亮，所以，我们一直在遗弃它。缺憾就像一个坚果，外表坚硬，可里面却是营养丰富。我们缺少的就是一副咬开坚果外壳的好牙口。

6. 给自己一个恰当的评价

经常给自己一个评价是非常必要的，特别是在你成功地控制了自己的情绪之后，给自己一个比较高的评价，这不仅仅是对自己的一种肯定，更是一种鼓励。

另外一点就是对自己或者对别人有一个切合实际的评价，在这种评价下再进行某件事情的评价，不以过分的要求而使自己为难，也不以不切实际的标准令他人勉强。只有做到这样，才能避免许多烦恼。世上本无事，庸人自扰之。

7. 保持生机活力

成功女性，会把全部精力用来打理事业。她们踏实、勤奋、敬业，即使只是一份普通的工作，她们也会用对待事业的热忱去经营。做一个有干劲的女人，不是叫你在职场上和男人拼个你死我活，争个高低上下，而是问问你自己：从第一份工作开始，你有没有为自己设定一个奋斗目标？自己要的究竟是什么？

情商决定女人一生的幸福

情商是女人良好的道德情操，是自我激励，是持之以恒的韧性，是同情和关心他人的善良，是善于与人相处，把握自己和他人情感的能力，等等。简言之，它是人的情感和社会技能，是智力因素以外的一切内容。

有人曾经总结出了决定女人一生幸福的四个因素，即爱情、婚姻、职业和处世中的智慧，而这几个方面恰恰都是情商在起着非常关键的作用。高情商的女人比低情商的女人更容易获得幸福和成功，原因何在？

首先，一个高智商的女人可以在工作中出类拔萃，但不一定能够拥有甜蜜的爱情，因为她常常只顾着爱他，却连他的样子都没有看清，后来结婚了才发现他根本不是能带给自己幸福的男人。而在相处的时候她们又常常自视清高，缺乏容人的度量，不懂相处的技巧，渐渐地就会失去自身的魅力。

情商低的女人主要表现为缺乏理性认识，意志不坚强，难以控制情感，常常容易抱怨、冲动。成为一个消极悲观的人。而高情商者则恰恰相反，她们之所以更可能成功。就在于她们永远是自信的，能够以开放的心理接受各种情绪的影响，具有较强的情绪承受能力，并能通过适当途径克服消极情绪所带来的困扰，始终保持乐观向上的精神，对生活充满着希望和信心，从而才有勇气和耐心去征服生活中一个又一个艰难险阻，摘下幸福的光环。

而一个高情商的女人，则是智慧的，她不仅拥有一双识别男人的慧眼，而且会将一份爱情打点得"千姿百态""万紫千红"。比如，她会以温情而恰到好处的嫉妒，表明对他的爱和重视；她会适时的利用撒娇任性，来增加爱情的"蜜"度；"战争爆发"的时候，她会就事论事，懂得"收放自如"；她会像母亲一样宠他、呵护他，也会像女儿一样依赖他。这样的女人怎么会不惹男人爱恋呢？又怎么会享受不到幸福呢？

其次，婚姻是女人生命的家园，感情的归宿。但是那些情商不高的女人，常常会把家里弄得战火连绵，不仅婆媳关系紧张，就是曾经与自己亲密无间的老公也开始变得冷冰冰的。

而情商高的女人则明白经营婚姻如同经营事业，需要用心。她们不仅支持老公的事业，即使自己是职业妇女，在生活上也无微不至地照顾他。更重要的是她们从来不抱怨，不唠叨，不发火，她们挥舞着高情商这根魔棒，把一个家经营得幸福美满：老公高兴。孩子快乐，婆婆满意，小姑子称赞……这样的女人没有理由不幸福！

再者，情商高的女人往往在工作上也相当出色，虽然她没有"浓脂艳抹"，但她的体貌、装饰、举止、气质、性格、教养、能力等综合体形成了一种内在的魅力。她们的亲和力深得下属们的信赖，较强团队意识使得同事们更愿意与其合作，谦虚谨慎的工作态度赢来了领导们的啧啧称赞。

相反，情商不高的女人常常意识不到这一点，她们会认为，大家既然已经分工了，各自完成自己的任务就行了，所以，她们的合作意识淡漠，团队缺乏凝聚力。而且她们常常我行我素，从来不懂得照顾同事的心情和面子，摩擦和矛盾自然是难免的，这势必会影响正常的工作。此外，情商低的女人还不会妥善处理与男性同事和上司的关系，结果给自己造成很坏的影响。

最后，高情商女人的一个重要特点是社交能力强，外向而愉快，不易陷入恐惧或伤感。也就是说，高情商的女人能在社交中如鱼得水，她们善解人意，不仅会"说"，还会"听"。而融洽的人际关系不仅能在关键时刻助她们一臂之力，而且还能给她们带来心理的满足感和幸福感。

而情商低的女人的人际关系一般都非常糟糕，因为她们不懂说话的技巧和策略，所以，她们没有什么朋友，生活中常会感到空虚和寂寞，自然感受不到幸福。

由此结论，谁让女人不幸福？是女人自己，是女人的低情商。谁能让女人活着并幸福着？也是女人自己，是女人的高情商。总之一句话，是情商决定着女人一生的幸福。

女人资本课：培养情商，叩开幸福

女人要成就一生，需要积累很多资本，也需要付出很多的努力，她们面临着工作、婚姻等一系列问题，要承担生活的压力，更要承担事业的种种挑战。因此，她们在追求成功的路上，必须要有过人的智慧、独特的处世经验、积极进取的心态、坚韧的毅力等资本，用这些高情商资本做铺垫，才能帮助自己克服重重困难，从而成就自己绚丽的人生。

那么，女人如何才能培养自己的高情商呢？

首先，从自身而言，要有培养情商的意识。这样才能在日常的细小之处，待人接物的各种情景中，投入心力去观察、体会，并融入自己的意识中。

叔本华说："在所有我们所做和所受的经历当中，我们的意识素质是占着一个经久不变的地位的；一切其他的影响都依赖机遇，机遇都是过眼云烟，稍纵即逝，且变动不已，唯独个性在我们生命的每一刻钟是不停工作的。"所以，只有培养完善的个人品质，才能唤醒自己的情商意识。

其次，体察和控制自己的情感。能够知道自己的情感感受，情绪上的波动并控制好自己的情绪，在一定的场合表现出适合该场合的情绪。不能让一些所谓的事情来左右自己，而是要由自己左右身边的事物。重点是在控制二字上，这需要日积月累的不断训练才能比较娴熟的掌握。

女人要充分意识到自己的情绪变化，控制好自己的情绪。但如果总是背着沉重的情绪包袱，不断地焦躁、愤懑、后悔，只会白白耗费眼前的大好时光，那也就等于放弃了现在和未来。

再次，腹有诗书气自华。一名女性要培养自己的情商，当然要有一些人文的沉淀：知书达礼、落落大方、处处散发出知性的光彩。

最后，如何获取情商？一定要通过实践。书籍、网络、杂志等书面的形式可以给女性带来思想上的觉醒，但真正要提高自己，仍然必须在日常的交流和交往中注意并控制自己的情感，使自己尽快成熟。

看事物不能置身于其中，必须要跳出来。只有将自身置于另外的一种高度，才能纵观全局。也只有这样的胸襟，方能领略其中的异样风采。

女人在成长时，就是在不断的经历事物，并从中不断提升自己。拥有一份高情商，需要不断的调节自己，于是，每个人都在不断的历练中慢慢培养着自己的人格魅力。

简而言之，一名情商高的女性，对人是体察入微、善解人意；对己是自信、自省、自爱。做女人难，做好女人更难，做一个成功的女人似乎更难。如果你想卓越，如果你想改变你目前平凡的人生，首先你就要有较高的情商。女人的情商，就是女人的智慧之花。当一个女人具备了较高的情商，她人生的百花园，定会姹紫嫣红，春天常驻。

第二章

风情万种绽放女人味：女人的魅力资本

外养内养养出美丽俏佳人

很多人都认为"以貌取人"的观念是错误的，但事实上，眼光锐利的高明者常常习惯凭借相貌来判断人，所以魅力女性要高度重视容貌给人的视觉影响。容貌不仅仅是面目表情，心灵、内涵、才智、情感、情绪和个性等因素同样会凝结在脸上。因此，女人应该高度重视容貌对他人的视觉影响。

女人应该力求使自己的容貌给人的感觉好一点，也就是美一点。

女人的容貌是会变的，这倒不是常说的年老色衰的变化，这种变化排除时间因素也会向好坏两个方面变化。某大学的知名教授说过："女人的长相是会变的，长得不好不要紧，有些人会变好，长得好的，有些人也会变丑。"

很多女性为了想让自己的容貌变得好看一点，不惜花费金钱，求助于各种化妆品和化妆机构来修饰容貌。然而化妆只是保持美丽容貌的最末的一个枝节，它能改变的事实很少。深一层的化妆是改变体质，让一个人改变生活方式，睡眠充足比化妆有效得多；再深一层的化妆是改变气质，多读书、多欣赏艺术、多思考，对生活乐观、对生命有信心、心地善良、关心别人、自爱而有尊严，这样的人就是不化妆也让人乐于亲近。

脸上的化妆只是化妆最后的一件小事。简单而言，三流的化妆是脸上的化妆，二流的化妆是精神的化妆，一流的化妆是生命的化妆。

一般来说，30岁是女人容貌的分界线，容貌是父母给的，无可选择改变的，多由遗传因素和客观环境决定，30岁以后的容貌，则是教养、个性、阅历、人生观等方面的复合体。

因此，应该说30岁以后，女人的容貌是后天培养出来的，而这其中包含了营养、调养、修养三个层次的内容，体现为内养和外养两个方面。

内养是指学识、阅历、见识、品行、世界观，等等。这些"养分"是源泉，透过一根根血脉，一条条经络浸润着你的容貌。外养是美容、护肤、饮食、养生、化妆等一些外在的方式。

内养外养需要很好的相互融合，相互协调。只有内养的女人生硬、呆板；仅有外养的女人浅薄，缺少韵味，只有把内养外养结合起来的女人才会散发出迷人的风情、风韵和品位。女人的美丽是短暂和单一的，女性的魅力是充沛而长存的。

天下最"魅"女人味

女人是花园里美丽的花朵，尽情开放，春色满园，给世间留下流连的理由和借口。她们或妖艳或妩媚，或清丽或纯洁，或灿烂或奔放……女人味更是每个女性自身拥有的韵味，是令人沉醉的暗香，是女性特有的神秘气息。

男人无一例外地会喜欢有味的女人。女人征服男人的，不是女人的美丽，而是她的女人味。做女人一定要有女人味，女人味是女人的根本属性，女人味是女人的魅力之所在。女人没有女人味，就像鲜花失去香味，明月失去清辉。女人有味，三分漂亮可增加到七分；女人无味，七分漂亮降至三分。女人味让女人向往，令男人沉醉。

女人味，到底是什么味？一般人说起女人味，总会联想起性感、妩媚，风姿绰约、风情万种的女人，似乎这样的女人才有女人味。或许是同性相斥的原因，女人眼中的女人味是淡淡的书香味，是一种韵味。

漂亮的女人不一定有女人味，有味的女人却一定很美。真正的女人味，指的是一种人格、一种文化修养、一种品位、一种美好情趣的外在表现，当然更是一种内在的品质。简而言之，女人的味道就是女人的神韵和风采。没味道的女人，即使她有着如花的脸蛋、傲人的身材，但只要她一开口便足以暴露出她贫瘠的内心和空荡荡的精神。

女人味，之所以被称作"味"，就该给人有散发的感觉，只能慢慢地去感受，就好像吃东西一样慢慢去品尝。女人味，不仅可以令男人动情，还可以恒女人倾心，让人回味无穷。它静若清池，动如涟漪，这种女人内外如一，就好像一杯清香的茶，沁人心菲，耐人寻味。

拥有女人味并非易事，没有一定文化底蕴、修养层次、人生阅历，无法烹调出醉人的味道。女人味首先来自她的身体之美。身段柔和、如瀑黑发、似雪肌肤的女人，再加湖水般宁静的眼波、玫瑰样娇美的笑容，她的女人味就会扑面而来。女人味更多的来自于她们的内心深处。女人味是月光下的湖水，是静静绽放的百合。这样的女人，是一个晶莹剔透的女人，一个柔情似水的女人，一个善解人意的女人。女人味还来自于女人的美德。不善良的女人，纵使她倾国倾城，纵使她才能出众，也不是优秀可爱的女人。

社会是多元化的，女性要在社会中占有一席之地，就必须要学会善待自己，不断用知识充实自己，完善自己，真实展示自己。保持自己的个性，才有健康的女人味。这样的女人会因有知识更有内涵而优雅，这样的女人味才是最长久成为最吸引人的保鲜品。

一年四季，每个季节美不同

在衣着上富于变化，能够给人以新鲜的美感。在适当的时候变换一下装束，能够使人的精神面貌焕然一新。可是，穿着变换，不一定需要有大量的服装，只要搭配得当，为数不多的几件衣服，也可以变换出众多的衣着来。

一年四季，春夏秋冬，一个善于搭配的女人绝对不会让自己的身影埋没在人来人往中，而是会精心打扮自己，让自己成为一道亮丽的风景线。

那么，根据季节来搭配到底有什么重要的技巧和要求呢？

1. 春天穿衣要艳丽

春天的色彩比较鲜艳，也比较干净、清新，最能表现春天颜色的地方就是美丽的植物园，在那里，你能感受到浓浓的春意，可是在我们搭配衣服的时候，颜色虽然比较鲜艳，但浓度却不要太高，而应该显得淡雅一点，比如说嫩绿色、鹅黄色甚至是粉红色等，这样才能营造出属于春天的干净、清新、愉悦的感觉。

当然，整个春天的颜色并不都是一样的，而是要有所区别，这样才不至于让自己陷于一种单调的尴尬之中。

2. 夏天穿衣要淡雅

夏天，是一个炎热的季节，这个时候就不能像春天一样，用鲜艳的颜色来衬托你的美丽了，而是应该用含蓄、柔和、带蓝色调的冷色系，或者是粉嫩的粉色及带烟灰感觉的暗沌色彩相搭配，给人一种诗话般的朦胧和沉静，其中也不乏一点温柔和浪漫的特质。可以说没有哪一个季节的色彩能比得上夏季色彩的缤纷灿烂。

3. 秋天穿衣要有风韵

秋天，一个收获的季节。包括黄色在内的暖色调成为这个时节最突出的颜色，如橙色系、橙红色系、金黄色系、金色系、棕褐色系、砖色、浓郁的暖绿色、暖蓝色及米白色等。看来秋天也是一个争奇斗艳的季节，一切都还在继续，千万不能放松半点。

在这个季节，服装基调应以一种饱和的暖色调为主，但是样式就不一定了，和环境色彩一样，变化无穷，搭配也显得更加自由，也就越能体现出一个人搭配的能力。

4. 冬天穿衣要别致

冬天的寒冷足以让我们感到畏惧，因此，冬装的色调以暖色调为最好，如正红、正蓝、正绿、正黄、正灰和鲜艳的桃红色、酒红色、紫色、蓝色，以及海军蓝、黑色、黑褐色。当然，为了和周围的环境相一致，白色也是冬装的主色调。

气质是女人美的极致

女人的美丽，已经被人们无数次地讴歌和赞美，文人骚客为此差不多穷尽了天下的华章。其实，在美丽面前，诗歌、辞章、音乐都是无力的。无论多么优秀的诗人和歌者，最后都会发出奈美若何的叹息！美丽的女人人见人爱，但真正令人心仪的永恒美丽，往往是具有磁石般魅力的女人。那么，什么样的女人才具有魅力呢？三个字：气质美。

气质是女人征服世界的利器，就如同一座山上有了水就立刻显现出灵气一样。一个女人只要插上了气质的翅膀，就会立刻神采飞扬、明眸顾盼、楚楚动人起来。

著名化妆品牌羽西的创始人靳羽西说过："气质与修养不是名人的专利，它是属于每一个人的。气质与修养也不是和金钱权势联系在一起的，无论你是何种职业、任何年龄，哪怕你是这个社会中最普通的一员，你也可以有你独特的气质与修养。"

气质是一种灵性，一个女性如果只靠化妆品来维持，生命必定是苍白的。

气质是一种智慧，一点点地雕琢着一个人，塑造着一个人，一个不经意的动作，就能吸引所有人的目光。

气质是一种个性，蕴藏在差异之中，只有不断创新，才能拥有与众不同的韵味，成为一个让人一见难忘的人。

气质是一种修养，在城市流动的喧嚣中，洗练一种超凡脱俗的"宁"与"静"，面对人间沧桑，才会嫣然一笑。

在生活水平日益提高的今天，用来美化包装女人的手段可谓层出不穷。皮肤不白可以增白，五官不正可以再造，脂肪过剩可以吸除，形体不美可以训练，但至今还没听到有"女人气质速成"之类的技术面世。

对女人而言，气质是一种永恒的诱惑，因为气质不仅仅靠外貌就能获得，而且还要拥有丰富的智慧与常识，拥有傲人的气度与素质。

女性气质的魅力是从人格深层散发出来的美，温柔、内敛、安静、沉着、细腻、自尊、自爱、端庄、贤淑、富于同情心、学识丰富、涵养深厚等，都是美好的人格特征。相反，轻浮、自私、叽叽喳喳和鼠肚鸡肠的女人，即使容貌长得再漂亮，惹人喜爱也只是过眼云烟。

总之，女性的美丽、魅力不仅仅是一种外表上的美丽，更是一种内在的修养，内在的气质！

微微一笑很倾城

女人虽然美的标准不一，但是微笑起来却很令人舒心。女人可能人人都清爽，却不是个个都会微笑。因此，懂得何时微笑和善于微笑的女人总是很迷人、很有魅力的。

微笑是快乐的最直接表现，微笑可以拉近人与人之间的距离。在一些不熟悉的场合，当别人友好地看着你时，你微微一笑，那么人与人之间的关系就不会显得紧张，反而会变得自然。这种属于淑女型的微笑，最易使人产生好感。一项调查询问数百位男士："你最喜欢的女人脸部表情是什么？"答案大部分都是微笑。

女人的微笑最能表现温柔，细眉弯成柳叶；女人的微笑最能表现深奥，酒窝里藏满神秘；女人的微笑最能表现旷达，甩甩头，长长的黑发似能倾泻千里；女人的微笑最能表现容纳，给人一种百川归海的感觉。

成熟的魅力女人会微笑着活出自己的自尊，活出自己的自信，活出一种力量。她会去自信地追求自我的价值，但她永远不会丢失自我，而会在平静中笑看红尘飞舞，在孤寂中笑品世事沉浮。这种女人有一种夺人的光芒，尤其是时刻挂在脸上的那缕祥和、淡然的微笑更会似一种无形的力量，给日渐疲惫与沧桑的红尘中人豁然开朗与宁静舒畅的感觉。

浪漫的情趣女人会让微笑时时挂在脸上，即使是浅浅的、淡淡的，但那是发自内心的，是真挚的，是会给人如沐春风的感觉的！诚然，她们也会经历生活的磨难与曲折，但她们明白与其在抱怨与愤恨中生活，不如去从容地弹奏生活的弦乐，不如去让微笑时刻挂在美丽的脸庞上！

脱俗的优雅女人总是微笑着生存于潮流中，那种由内而外的时尚是根深蒂固的，她们会让自己成为一种可望而不可即的美丽潮流，会在静然中塑造一种惑人的魅力。那不是最好的服饰与最好的香水所能包装修饰出来的。她们的魅力是让人越琢磨越有味，越琢磨越欣赏的！

总之，微笑让女人有着美丽的心情；微笑让女人有着宽松的环境；微笑让女人有着迷人的风采；微笑让女人有着青春的容颜。微笑的女人如星月，眼睛在任何时候都熠熠发光；如薄荷，随时随地会让你透新清凉；如散文如诗歌轻灵、含蓄并且简洁。

微笑的女人是温柔的，微笑的女人是慈爱的，微笑的女人是可亲的。学会微笑的女人，就像蒙娜丽莎，那么甜美又神秘的微笑，倾国倾城，让人难以释怀。

风度之美，摇曳生姿

女性的风度美是外在美和内在美的统一，如果把外在美比着形色俱佳的花朵，把内在美比着花儿飘逸出的诱人芳香，那么，风度美就是形、色、香三位一体的鲜花。

与此相应，人的精神风貌通过体态、言谈举止表现出来，人的外貌也无时不贴着心灵的标签，发出心灵的消息，当心灵的美得到完美的外在体现时，人就有了风度之美。

当时代更关注表面光鲜、肤浅简单的东西气质，内在美，风度……这些词汇已很少被人们提及。其实，风度美是散发人性光辉的最好审美方式，是一种强大的摇曳生姿的美丽。

1. 风度美之高雅

雅是俗的对立物，是一种合乎规范的、高尚大方的定型式评价。高雅往往使人拥有某种神奇的光环，使其具有征服的魅力。

现代女性对高雅风度的追求，体现着她们把握自身风姿、格调的一种高超的控制能力。越来越多的女性能够恰如其分、灵活机动地把握住美的"度"，从而在任何环境中都不失其雅。

2. 风度美之自然

风度之美，贵在自然。"清水出芙蓉，天然去雕饰"便突出地表现了这一审美观点。自自然然的风度，使人感到舒适，悦目。自然的美如芳香的果蔬，轻舒曼卷的枝叶，开合任性的百花。

3. 风度美之温柔

女性的温柔是一种神奇微妙的东西。它听不见，看不出，摸不着，但却实实在在地感受得到。温柔总和仁慈、宽厚、善良相伴，它使人景仰，令人崇拜。

4. 风度美之勤劳

勤劳之成风度，在于它给人们勤快伶俐的快感。它是现代女性成就事业的基础，是实现现代女性人生价值的最有效的途径。

现代女性的勤劳风度体现在勤奋的生活格调、活跃的思维习惯上，它为女性的风采加上了朴实的光环。

5. 风度美之真诚

女性风度来自诚实的自我表现。现代女性越来越追求真诚，该说的说，该怒的怒。对的坚持，错的改正。持这种真诚的生活态度的人，都敢于面对现实，敢于正视自己和正视别人，她们心地坦荡，纯真无瑕。

6. 风度美之妩媚

妩媚是现代女性对美好状态追求的集中点。德国著名美学家莱辛说："媚就是在动态中的美。"他把"媚"比喻为一种"稍纵即逝而却令人百看不厌的美"。正是这种无可媲美的风度美，使女性充满魅力。

情趣让女人如花般绽放

生活中如果没有情趣，生命就会平淡无奇，如一潭死水。不懂得在生活中创造情趣的女子，就仿佛一盘没放盐的菜肴一样，寡淡无味。

女人年轻时，容貌是最引人注目的，但到了中年，女人最吸引人的便是情趣了。一个有文化、有修养、有情趣的女性，其魅力可保持终生。

在未来的生活中，男人并不苛求女人在各个领域里能与男性并驾齐驱，男人渴望的是女人与男人有相同或接近的生命力与情趣。

很多人也许会误会，认为没情趣的女人就是那些无知无识的乡野妇人。事实上，情趣更多地表现为一种生命的张力。当一个高贵的知识女性被一种刻板的生活所包围，被一种不变的形象所束缚时，在她的生命里已经出现了枯燥乏味的迹象，如果不作出调整，生活的情趣将离她越来越远。

把情趣当做生活必需品的女子，让人心动不已。赏花、观月、看书、听音乐、观海、爬山、散步、打球……生活随处是情趣，关键是会不会去做，是否以一种愉悦、享受的心态去做。

假如心情不好时，可以听喜爱的音乐来舒解压力，也可以在天气不佳的时候，窝在家里看书、看电影享受时光安静的流逝。

一个善于营造浪漫感的女人，同样也是一个懂得生活的女人。优雅的女子应该懂得浪漫的真谛，懂得在平凡的生活中寻求美丽。所以，有人说：女人，长得漂亮不如活得漂亮。在情趣里，我们可以收获一种名为幸福的东西。

如果说风情需要学习，情趣则在于生活中雅致的点点滴滴。金钱打造不出情趣，做作和矫情也是情趣的敌人。

高雅的情趣是由生活方式养成的，每天坚持阅读，15分钟也好。每天总有几分钟可以用来读书，哪怕是坐在马桶上的时候也好。读书是很有情趣的事情，可以简单地让你的优雅不间断。

女人只要一种味道。这种味道，不一定是那个想要的最好的香水的味道，而是闻起来充满踏实喜悦的一个个简单的日子。可以把头埋在晒洗好的衣物里，深深地吸一口，闻到迷恋的太阳的味道。这是个美好的细节，满满地溢着情趣。忙于家务，并使之成为一种喜悦和感激的女人，是幸福而有情趣的。

懂得生活情趣的女人不一定貌美如花，却一定幸福温婉。做一个情趣女人，让幸福在花间绽放。

女人 40 一枝花

40岁的女人经过恋爱、婚姻的洗礼和滋润，她们的容颜虽不再夺目，但顾盼间更具风韵；她们尽管腰身渐宽，但丰盈大气，神韵不绝；她们就像时过正午的向日葵，没有少女般的孤芳自赏，却有阳光下金灿灿的成熟；像一首经典老歌，依然有着扣人心弦的韵律；像一杯清茶，平淡中透出缕缕清香。

40岁的女人，真正的美丽人生才刚刚开始！

40岁的女人，精神有所寄托，心灵有所附着：一份称心可手的事业，一个成长起来的孩子，一个诗意芳馨的家园。也许，正是这份绚烂，这份甜美，才让她静静地靠近了秋天的门槛。

40岁的女人，依旧单纯、美丽、浪漫，她愿意在每个清晨为心爱的孩子做份可口的早餐；她愿意黄昏归来，和爱人一起聊聊趣事谈谈天；她愿意在寂冷的冬天为年老的父母送去欢乐和温暖；她愿意每个周末全家出动，骑上单车一同到郊外游玩……

40岁的女人，不会再为世俗的名利，女人的虚荣而忙碌、周旋，把握的是实实在在的人生和永恒的亲缘。

40岁的女人，学识丰富，举止沉稳，肩挑事业、家庭两副担，富于创造，更善于思想的清点。不会看到秋天的草木而惊恐，因为她已愿望成真果实灿灿。

40岁的女人，美丽而不造作，风雅而不媚俗，虽然不再有娇艳的容颜，但内在的智慧、悟性、修养和得体的着装，却塑造出一个脚步从容，尊贵自信的形象。

40岁的女人，不会拒绝秋的莅临，内心依然阳光灿烂，因为她们保持了青春的完满，不枯朽，不衰竭，不凋残，她们要证明，年龄绝不是青春唯一的检验。

如果说女人如花，那么40岁前盛开在外表，40岁后则盛开在内心，有着洗净铅华的质感美，具有更绚丽的光彩。

成熟女人是一坛美酒，历久弥香

在生活中，经常会听到男人带着赞赏的口气说："某某真是个成熟女人。"那种口气，比提起白领小姐来，不知要更景仰多少倍。在成熟男人的眼里，跟成熟女人一比，白领小姐就像一坛酿到半途的酒，底子是好底子的，只是离味道醇厚还有十万八千里。成熟女人就不得了，一揭酒坛子，满室酒香，人人馋得耸鼻子。

当然，不是随便一个到了婚育年龄的女人就能够被称做"成熟女人"。家庭主妇也不是"成熟女人"的代名词，不管家庭主妇多么成熟饱满，多么善解人意，也不一定会被赞为"成熟女人"。所以"成熟"两字，是有其特定的复杂含义的。

什么样的女人才是成熟的女人呢？

1. 成熟的女人看上去赏心悦目

她们不追求潮流，却能独运匠心，穿出个人品位。

2. 成熟的女人善解人意

她们善良、温柔，具有同情心和正义感，能够在人群中感受爱、接受爱，也能给予他人爱。

3. 成熟的女人彬彬有礼

她们知书达理，不会被自己的情绪左右，不在大庭广众下失态。她是一个好听众，可以敏锐地感受对方的情绪，体察对方的苦恼。她有雅量赞美别人，同时也能宽容别人的缺点。喜不狂，忧不绝，胜不骄，败不馁，谦而不卑。

4. 成熟的女人举止适度、言谈有礼

站立时姿势优美，走路时步态稳健，用餐时温文尔雅，坐下时神态安详，谈话时平静温和。她们有很好的道德修养，不谈与事实不相符的事，不高谈阔论、固执己见，不一味表现自己。

5. 成熟的女人有主见

成熟的女人有自己的思想，见解独立，从不为他人所左右。她们能对周围的人和事能做出正确的判断和评价，并且能够掌握自己的人生。

要敢于说"不"。对于不符合自己意愿的事，要敢于说出内心真实的想法。

6. 成熟的女人不浮华也不愚昧，从来不追逐潮流

她们不在乎豪华或名牌，崇尚服饰与人的完美和谐，追求一种淡泊、宁静、高雅的意境。她们会根据自己的个性、气质、经济条件挑选或制作适合自己的服装，穿出个性与魅力。

7. 成熟的女人懂得爱护自己，更懂得体贴别人

成熟的女人懂得接纳自己、宠爱自己，也懂得尊重和体谅别人，使别人接受自己。

8. 成熟的女人热爱生活，永远保持一颗纯真的童心

成熟的女人对自己的生活有着更高的要求。成熟的女人善于发现生活中的美与辉煌，借以冲破无边无际的黑暗，重获新生。她们喜欢亲近自然，优美的风景和清冽的空气能抚慰她们的疲惫与彷徨，不经意间流露的未泯童趣，令人莞尔。

9. 成熟的女人重视亲情与友情

亲情与友情也是成熟女人生活中很重要的部分，温馨的亲情、甜蜜的爱情和真挚的友情都是她们所需要的。

10. 成熟的女人不因小小的挫折而灰心丧气

生活中总有烦恼，一个成熟的女人遭遇失意时，不会仓皇失措，而是将注意力转到自己的兴趣之中，听音乐、读书、工作，会尝试利用弹性丰富、张力十足的生活态度引导出一个崭新的自己。

时尚女人，引领魅力新潮流

时尚是一种生活品质，代表着一种心态，一种追求。懂得时尚，才能懂得美。一个不懂美的女人，本身就给世界减了一分色彩。人类崇尚真善美，人们奋斗的乐趣在于生活会更美，人类社会进步的动力来源于对美的不断追求。因此，女人不论年龄多大，都

不能远离时尚。

生活里美的事物有很多，大自然是一种美，关爱是一种美，时尚则是另一种美，代表着美的潮流峰值。时尚是一种美的进步、美的变化。

世界如果缺少了时尚，将是一个僵化的世界。人如果缺了时尚，则是一座颓废的老建筑，纵使有其古旧美，仍然缺了几分生命中更灿烂的颜色。

每个人都想让自己看起来魅力十足，将自己最好的一面展现给大家。但是很多时候，每当女人面对一堆衣服时，就又开始犹豫了："我该穿成什么样才好呢？"

尝试新的发型，穿上当下最时髦的衬衫，这些当然对于树立你自己的风格有着一定的效果，但这些都只是"万里长征"的第一步而已。盲目跟随潮流的人，都是那些不知道自己要什么的时尚盲从者，或者即使清楚地知道自己要什么，也不知道应该如何去表达这些追求。

紧跟潮流又不致走偏的最直接的方法是通过Look book（国外潮人街拍的网站）来寻找范本。从看到一个造型，把其每一件单品都"肢解"开来，然后找到与其相似的单品，选择你喜欢的，抛弃你不喜欢的，一直搭配到你满意为止。这就是最简单最快速的一个"范本学习"的方法。

同样，你也可以用眼睛来学习你的风格。最简单的方法就是参考那些在大街上遇到的你认为非常"时髦"的人士。不论何时，只要你遇到了一个值得"模仿"的对象，就应该问自己以下问题：

"她身上的哪一部分造型让她备受瞩目？是发型？衣服的合身程度？鞋子？颜色的搭配？还是整身衣服的结构组合？"

如果你看到一个穿得非常"老土"的人，你也应该问自己："她为什么看起来这么'老土'呢？她应该如何改进呢？"

于是，你便得到了属于自己的时尚法则。例如，脏鞋能够毁掉全身的装扮，或者多少颜色同时出现在身上才算合适等。

如果你不喜欢在大街上盯着别人思考问题，那么，你可以从杂志上学到很多，如《VOGUE》《ELLE》等。这种直接"送上门"的范本比在街上寻找来得更加快捷，更加方便。

女人资本课：提升魅力的8度修炼

魅力是女人的综合指数，是从女人的身体内部和心的深处自然而然涌动、喷发、流露出来的一种气韵。魅力女人，将健康地老去、优雅地老去。甚至，她的心，永远不老，甚至越来越有魅力。

每一个女人，无论漂亮与否，都希望自己是有魅力的，也都或多或少在营造自己的魅力。注重以下细节，可以帮助女人修炼魅力，提升自己的魅力指数。

1. 做一个永远长不大、胸无城府的快乐女孩

她自然、纯真的天性影响着周围的每一个人，她热爱生活、无拘无束，随心所欲又有些漫不经心。她讨厌艰涩和故作深刻，要让她执着、沉迷于某一件事实在是太难了。

清水出芙蓉，女性的清纯透彻是一种纯洁的美，这种美的体现正是可爱。年轻女孩子的可爱是她的女人味，即使是到了一定年纪，还能在她的眼睛里闪着好奇的目光，那么她一定充满独有的女人魅力。

2. 做男人生活中的一道风景

她喜欢豪华、热闹的生活，以施展她社交明星的魅力。她无需去做深沉的思考，也从不理会生活以外的东西，她为她自己而沉醉。

3. 做一个典型的中产阶级知识女性

她外表质朴、自然、不事雕琢，内心浪漫，与世无争，强调个性却不张扬。只有能够进入她内心的人才能真正了解她，也才能为她所欣赏。她的气质和教养是她丰富内心的流露，也是与别人拉开距离的原因。

魅力女人是充满书卷气息的，有一种渗透到日常生活中的不经意的品位，谈吐中超凡脱俗；有一种不同于世俗的韵味，在人群中超然独立；有一种无需修饰的清丽，超然与内蕴混合在一起，像水一样柔软，像风一样迷人。女人容易缠绕在琐碎的事务中，让心灵变得荒芜，甚至庸俗，而阅读伟大的书籍，是促进心灵滋养和成熟的必经之路。唯学能提升气质，唯书能永葆魅力。

4. 做一个理想的贤妻良母

她温柔、内敛、善解人意，安静、沉着、细腻，注重生活细节。热爱儿童，家庭是她的人生乐趣。良好的教养和优裕经济条件，使她超越了琐碎和庸俗，她从不羡慕男人和事业女性，只专心又平和地折着手里的纸鹤。

教养如水发于内心，教养是善待他人、善待自己。有教养的女人是令人尊敬的，让人愉悦的，使人感到如沐春风。有教养的女人说话有分寸，对人不尖酸刻薄，不会为几毛钱讨价还价，不会占小便宜。有教养的女人在公众场合端庄大方，不做作，举止不轻浮，有爱心并善于表达情感，常常赞美祝福他人，而不是嫉妒他人。和有教养的女人共处，总像有潺潺溪水流过，让周遭的人们被沁润。

5. 做一个物质与精神的双重贵族

她从不因为物质的满足而放弃精神的追求，相反，是物质基础使她更有实力建构自己的精神世界。她洞悉一切的成熟，使她在亦庄亦谐中游刃有余。

她既古典又浪漫，充满诱惑又不邪恶，美是她的理想。世俗生活离她那么遥远，仿佛她来到这个世界，只为作一个女人。

6. 做一个理性的女人

她意志坚强、说一不二，喜欢把握局面，聪明而善用头脑，很少感情用事，不会因冲动而铸错。她独立而事业有成，她像男人一样活着，却懂得适度施展女性魅力。

7. 做一个容易满足的生活型女人

她对生活的要求并不太高，喜欢轻松、愉快、富足地活着，不愿意有压力和波澜。安于现状和乐观的天性使她能够将青春延续。她单纯而敏感，有较好的人缘。

8. 做一个富丽堂皇的女人

她的奢华与她的高贵一样引人注目，最华丽的场合总是有她出尽风头。她喜欢那种众星捧月的感觉，她征服世界的方式是去征服男人。

第三章

内心有风景，灵魂有香气：
女人的才智资本

智慧是女人穿不破的衣裳

许多女子并无骄人之貌，一举一动却优雅得体，因其内在智慧和才气而熠熠生辉。智慧的女子，因其秀外慧中而韵味独特、迷人，时光反而成为一种点缀。她们有着丰富的内涵，不是一幅雅致的画，而是一本耐人寻味的书，用来自内心的人生体验，演绎着自身完美的风采。

英国作家毛姆曾经说过："世界上没有丑女人，只有一些不懂得如何使自己看起来美丽的女人。"现代女性早已经学会在繁忙和悠闲中积极地生活，懂得如何读书学习，也懂得开发自身的潜能，从而使自己的女性魅力光芒四射。

女性的智慧之美甚过容颜，因为心智不衰，所以超越青春，智慧永驻。

智慧女性不必有闭月羞花、沉鱼落雁的容貌，但她必须有优雅的举止和精致的生活。

智慧女性不必有魔鬼身材、轻盈体态，但她一定要重视健康、珍爱生活。

智慧女性在瞬息万变的现代社会中，总是处于时尚的前沿，兴趣广泛、精力充沛，保留着好奇纯真的童心。智慧女性不乏理性，也有更多的浪漫气质。春天里的一缕清风，书本上的精词妙句，都会给她带来满怀的温柔、无限的生命体悟。

智慧女性因为经历过人生的风风雨雨，因而更加懂得包容与期待。智慧女性内在的气质是灵性与弹性的完美统一。

具体来说，女人的智慧美主要体现在以下几个方面：

1. 高雅的志趣

高雅的志趣会使女性锦上添花，从而使爱情和婚后生活充满迷人的色彩。

每个女性的气质不尽相同。女性的气质跟女性的人品、性情、学识、智力、身世经历和思想情操是分不开的。要想有优雅的气质和风度，就必须有良好的教育和修养。

2. 丰富的内心

有理想、有知识，是内心丰富的两个重要方面，这是现代女性所必不可少的。知识将使女性魅力大放光彩。除此以外，还需要宽广的胸怀。法国作家雨果说过："比大海宽阔的是天空，比天空宽阔的是人的胸怀。"然而，多数女人还做不到这一点，尚需完善。

3. 优雅的言谈

言为心声，言谈是窥测人们内心世界的主要渠道之一。在言谈中，对长者尊敬，对同辈谦和，对幼者爱护，这是一个知性女人应有的美德。

4. 突出的个性

女性的美貌往往具有最直接的吸引力，而后，随着交往的加深，真正能长久地吸引人的却是她的个性。因为这里面蕴含了她自己的特色，是在别人身上找不出来的。正如索菲娅·罗兰所说："应该珍爱自己形体的缺陷，与其消除它们，不如改造它们，让它们成为惹人怜爱的个性特征。"

智慧是女人一生追求的境界。岁月不只是刻在女人的脸上，更沉淀在女人的心里，沉淀成一种沉甸甸的智慧。在这个人们内心日益浮躁的时代，智慧的女人是一道亮丽的风景线，吸引着人们的视线。

学识，女人智慧的基石

一个女人，拥有了美貌，会添了更多的自信，人生路走起来更顺畅，但是一个女人若拥有了学识，就是为你所憧憬的目标的实现奠定了基石。女人的魅力，不仅仅是因为外表，更是因为内在的修养，这样的味道是种不言而喻的美。

1. 学识体现女人的内涵，增加女人的内在美

学识能使女人洋溢出与众不同的高雅气质。因为读书能修身养性，陶冶情操，能提高人的思维能力，扩展人的学识视野，可净化人的心灵浮尘。

一个女人如果拥有较高的学识，她不但会有修养，而且还会有思想、有深度，会焕发出一种娴静淑雅的气质和雍容文雅的气态。因此说，聪明的女人不仅会借助化妆品和服饰装扮自己，同时会更注重其内在美对周围人的影响。

在现实生活中，大凡有学识的女人，一般都知书达理，一个知书达理的女人，才能懂得与人为善，才能博得其周围人的认可，才

能受到众人的欣赏和欢迎。

一个有学识的女人，她们的生活一般都比较充实，虽然有时也有那么一些女人看起来外在形象欠佳，但是透过她们的外表看其内在，却能发现她们的内在相当的成熟、稳重、自信、有内涵、有气质，潜在地散发着一种迷人的魅力。

2. 学识成就女人的丰富人生

女人就是像是一坛酒，芳香醇正，沁人心脾。而有学识的女人，仿佛是把这酒醇了又醇，酿了又酿，有种独特的神秘感，引人注目。学识，不仅仅是饱览诗书，通晓琴棋书画，更主要的是一种内在的气质，是一种内涵，是一种聪明的展示，是处世的灵活机巧，是丰富经验的积累，是面面俱到的思考。这种深情，这种语言，如诗如画的意境，只可意会，不可言传。

有学识的女人往往学业优秀，才华出众，谈吐不凡，举止高雅，学识与优雅兼具，让男人由衷地钦佩和赞赏。她们不仅是生活上的伙伴，更是良师益友。在生活的细微之处，平常之时，显示出其智慧的力量和美丽。拥有母亲一样宽广的胸怀，拥有少女般的天真烂漫，拥有成熟女性的风姿绰约，一切尽在神情中，一切尽在举手投足间。她们人性中的美丽与高贵，贯穿着她们的生命与生活；而上帝对她们的最大的祝福，也成就了她们健康美丽的丰盛人生。

3. 有学识的女人更完美

时间和年龄对爱美的女人们来说是两大天敌。如果一个女人刻意的注重外在的美，而不注重内在美的修养，那么随着其红颜易逝的年龄增长，终究抵挡不住岁月遗留下的痕迹，而不再会被众人而欣赏。如果一个女人，她既注重外在的美，同时又注重内在的美，那么即便是到了徐娘半老的年龄时，也依然会风韵犹存地保持着她自身的魅力。而这种魅力，并不是一朝一夕就能形成的，是要靠不断的学识，增加自己的见识才能得来的。

知识，女人美丽的源泉

作为一个女人，如果你天生具有姣好的容貌、婀娜的身材，那是上帝对你的奖赏。人体美是自然美的极致，这种天然的形、容之美让人赏心悦目，可能会为你的生存带来许多便利。然而这种美是稀少的、短暂的，更是肤浅的。它总是与青春为伴，时间是它最大的敌人，当年华老去，青春不再，这种外在之美的光焰便会逐渐黯淡以至熄灭。

还有一种美，不会因时间的流逝而消亡，那就是一个人内在的文化底蕴之美，是一种从骨子里透出来的掩不住的光芒。这种内在的美在女性身上主要表现为自信与娴雅。自信的基石是智慧与学识，而娴雅是一举手一投足之中难以言传的品位。内在之美是一种成熟的美，靠后天逐渐修炼而成，历久弥深。它不像外在美那样非常直观，需要用心去感受。

青春是美丽的，成熟也是美丽的，不管女性处在哪一个生命的阶段，她的美都需要健康和智慧去塑造。

　　女人作为社会中的一个重要群体，多元化的社会价值取向要求她们家庭事业两兼顾，要求她们既要有男性的刚毅果断，又不失母性的爱和女性的柔情。要时时不落伍，保持自己的魅力，要靠不断的学习。在一个正在形成的学习化社会里，学习正在成为越来越多的人的生活方式。知识就是力量，不断学习成为女人美丽的源泉。

　　丰厚的知识使女人永远美丽，使女人富有魅力。而知识具有四个层次：学识、见识、践识、胆识，这四个层次的修养缺一不可，需要在漫长的生命历程中不断积累，不断磨砺，具有渊博的学识，宽广的见识，深厚的践识，出众的胆识，只有这样，才能在职场洒脱自如，在家里温情满怀，生活完整而平衡，女人生命才能因此而丰美，人生因此而精彩绝伦。

　　在学识这一层次，既要深深浸染于深厚的传统文化，又要及时了解现代前沿的科技、经济、管理等知识，既要有精深的业务知识以保证工作的质量和效率，也要有广泛的非业务知识以丰富自己。

　　"书山有路勤为径，学海无涯苦作舟。"女人只有利用一切机会学习新知识，在交际中游刃有余，在职场中铿锵有力，在家庭生活中从容自如，这样的女人必定光彩照人，独具魅力，是成功的，也是幸福的。

　　当一切世事纷争尘埃落定的时候，人们的记忆当中总有她温润美丽的笑容，那是一个女人一生美丽的最高境界，将永不消亡。

聪慧演绎女人不老的美丽

从《京华烟云》到《青花》，温婉的赵雅芝一直光彩照人地美丽着，有谁想到她生于1954年，是三个孩子的母亲呢？岁月流逝，气韵犹存，那份婉约的书卷气，令人怦然心动，仿佛她真是那西湖岸边的白娘子，可以演绎不老的美丽。

在娱乐圈旦说到知性美，无疑要提到刘若英。她不仅是歌手，亦是创作人，她作曲、写歌，还尝试文学创作。她虽没有非常漂亮的脸蛋，却像她的绰号"奶茶"一样，美得含蓄而不容忽视。这几个女人有一个共同特点，那便是聪慧，有才华。

有人说："书，是女人最好的饰品。"因此，无论有多少个理由，作为一个现代女性，一个期待精彩人生的女性，要想聪慧，书是一定要看的，而且是看得越多越好。因为书会使你从骨子里提升品位，教你如何做一个智慧女人。

林清玄在《生命的化妆》一书中说：女人化妆有三层，其中第二层的化妆是改变本质，让一个女人改变生活方式、睡眠充足、注意运动和营养，多读书、多欣赏艺术作品、多思考，可以让女人对生活保持乐观的心态。因为独特的气质与修养才是女人永远美丽的根本所在。

书是女人的精神财富，更是女人的最佳美容品。注重内在知识的丰富、智慧的修养，对现代女性来说是至关重要的。30岁前的相貌是天生的，30岁后的相貌是后天培养的。你所经历的一切，将毫无保留地写在脸上，每天智慧一点点，你为自己做的便是不断地滋润。红颜易逝，但智慧可以永存。

书中自有颜如玉，腹有诗书气自华

世界有十分美丽，但如果没有女人，将失掉七分色彩；女人有十分美丽，但如果远离书籍，将失掉七分内蕴。

读书的女人是美丽的，"腹有诗书气自华"。书一本一本被女人读下肚的时候，书中的内容便化成了营养从身体里面滋润着女人，由此女人的面貌开始焕发出迷人的光彩，那光彩优雅而绝不显山露水，那光彩经得起时间的冲刷，经得起岁月的腐蚀，更加经得起人们一次次地细读。正因为如此，你将不再畏惧年龄，不会因为几丝小小的皱纹而苦恼。因为，你已经拥有了一颗属于自己的智慧心灵，有自己丰富的情感体验，你生活中的点点滴滴，将会书香四溢。

书是女人永恒的情人，他不弃不离，始终如一，永远都在奉献，从不索取回报。书还是女人保持个人魅力的法宝，让皱纹迟到，让青春不老，是每一个女人心中的梦想。让女人青春不老的法则就是：多读书，让自己的心态年轻起来。一个与时代同步的女人，一定会是一个喜欢读书的女人，书会让她从内而外都散发出迷人的光彩。

喜欢读书的女人内心是一幅内涵丰富的画，文字可以书写性情、陶冶情操。喜欢读书的女人常常是有修养、有素质的女人。一个女人最吸引人的地方就在于她丰富的内心世界，从而表露出来的优雅气质。"书中自有颜如玉。"岁月的流逝可以带走姣好的容颜，却无法带走女人越来越美丽和优雅的心灵。

书籍，是女人永不过时的生命保鲜剂。读书的女人是美丽的女人，美得是那么的别致，即使不施脂粉也是优雅淡泊、气度不凡。读书的女人是成熟的女人，追求物质上简单的生活，灵魂中却有繁杂的要求。这样的女人身上蕴藏着极大的能量，因为她知道什么可以放弃，什么必须坚守。只有成熟的女人，才会生成自己独具的内在气质和修养，才会有自信，才会有岁月遮盖不住的美丽。这是从内到外统一和谐之美丽，是岁月无可奈何之美丽。

在社会生活中，女性的生存空间比男性的狭小，所以，女性更需要博览群书，以放眼世界。而且在广泛阅读的同时，还要善于思考，不盲从，也不偏执，这样才能培养一颗丰富和广博的心灵。

做一个爱读书的女人吧，读的女人才能永远美丽。智慧的女人爱书，爱书的女人更智慧。读书的女人是优雅的女人，无论走到哪里都是一道亮丽迷人的风景。

才艺女人的别样妩媚

有才艺的女人，用聪明的头脑开拓女人的半边天；用坚韧的肩膀，承载生命的辉煌；用纤纤玉手，编织锦绣人生；用一颗平常心，走过岁月的痕迹；用优秀的能力，为生活增光添彩！

女人天生就具有一种灵性，如出水芙蓉般的纯净，似柔风细雨般的温柔。若女人有了才艺，更是达到一种极致的美，妩媚中带有书卷气，娇嗔中也带有了超凡脱俗的灵性。

每个女人都希望自己与众不同，都希望自己被男人好好地宠爱。而对男人来讲，更希望拥哪种女人入怀呢？其实，有才艺的女人更能博得男人的爱慕与欣赏。美貌如云烟，会随着年华而老去，再美的容颜也将成为过去，不老的只有她的才艺。言谈举止，一颦一笑中都充满了诗情画意般的温馨，岁月也无法掩饰她的光彩。与这样的女人相伴，哪个男人不梦想呢？

古人讲"琴棋书画"样样精通是一个才艺女子所应必备的基本条件，现今的女人用不着精通各种技艺，但是同样也需要具备不同的才艺。一个女子，若写得一手好字，见字如见人，这样的女子也必定是一名绝色的女子；若写得一手好文章，这个女子虽不一定是博古通今，也必定是学识广博；若一个女子弹一手好琴，兴趣使然，她必定是一个气质不凡、灵秀俊美的女子；若一个女子善于歌唱，甜美高亢的嗓音，定能引你神思，带你去一片世外桃源；若一个女子擅长画画，不管是花鸟鱼虫，还是人物山水，那她必是心中有丘壑、眼中有美景的优雅之人。

有才艺的女子，总给人以神秘感。若不见人，只看到她们的才艺，就不知引得多少男人的倾倒和爱慕了。这样的女子，在世人的眼中，必定是墨云秀发、眉如浅黛、杏眼桃腮、气质非凡、落落大方的女子。这样的女子，身上一定有无限的魅力，心中定有广博的学识，为人处世，定是谦谦有礼、优雅大方。

没有哪个男人希望自己和不学无术的女人生活在一起，他们对女人的期望值很高。但是一个才女，往往是得到绝大多数男人的肯定。她们用自己的才艺填补了生活的缺憾，在寂寞中，不随波逐流，而是用自己的兴趣爱好，让自己的生活变得多姿多彩。用自己的才艺，也为男人单调的生活增添了无限的生气。

一个有才艺的女子，更能够诠释女性的魅力，在女性的温柔妩媚中频添了才气，让女人的气质非凡，行为更出众。才艺装点了女人独有的风韵，才艺让女人更受男人的青睐。

一个才艺女人看起来的风光，是需要用时间、热情、努力去积淀的，给自己希望和力量，一定能够成为让别人称赞的才艺女人！

梦想，让女人的生命起舞

每个女人都有梦想，梦想是女人天性中的一种浪漫，是一种难舍的情结。

女人都有关于服饰的梦想，一件漂亮的连衣裙，一个可爱的洋娃娃都是曾经美丽的梦想。

每个女人都拥有贵族梦，高贵的女人所期许的气质。每个女人意识深处都希望自己成为公主或女皇，高高在上，受人追捧，有关宫闱或华丽的生活的电视电影，一直被女人所钟爱。

女人都有一个远游的梦想。那些记忆里让人刻骨铭心的地方，驱动他们一生不离不弃地去守望追寻。

然而多数的现代社会的女性，尤其是已进入婚姻的围城，就不知不觉中发现自己学历越来越高，手头的事情越来越多，工作越来越忙，挣得越来越多……而梦想，越来越淡薄，甚至某天，看着橱窗里的美丽的芭比娃娃，你会慨然叹息，这，曾经是我的梦想吗？

1. 女人不能没有梦想，女人因梦想而美丽

女人可以不美丽，可以困顿，低微，但是不能没有梦想，只要梦想存在一天，你的生命也许就会多一份奇迹。

冬奥会上，韩国女单自由滑冠军金妍儿的表演异常精彩，高难度的动作，优美流畅的舞姿，清纯典雅的气质，纯净阳光的笑容……如同雨后彩虹下一颗最闪亮的露珠，清新脱俗而美丽夺目。

金妍儿七岁开始学滑冰，她一直把著名的女滑冰运动员作为自己的偶像，梦想滑得像她那样好，像她那样在世界大赛上拿奖，然后她一路朝着自己的梦想前行，期间，她刻苦训练，多次受伤，付出了常人难以想象的努力，终于，她梦想成真了，19岁的她多次获世界大赛冠军。因为看金妍儿的比赛，韩国万人空巷，因为大家都去看比赛没有人买股票，而令韩国股市下挫，足见她的影响力之大。是梦想让这个普通的女孩的人生与众不同，美丽无比。

有了梦，你的人生会更加丰富，充实，生活才会因此变得更加美丽自信！

2. 女人要坚持信仰，人生因梦想而精彩

女人的梦想和男人不同，女人一生的梦想多专注于情感、婚姻、家庭、子女等领域。在现实生活中，少部分成功的女人无论其能飞到多高多远，可是骨子里依然摆脱不了小女人的气质，那就是永远也无法摆脱情感家庭的纠葛。

女人一生中梦想是变幻最快的，女人的浪漫之花也凋零的最快。当少女变成少妇，当少女变成妇女的时候，女人对爱情的期待多转换成对家庭的经营和维持，对丈夫的守望甚至鞭策。当女人的孩子一天天长大时，女人已经忘记了自己、家庭或者丈夫，此时女人自己的人生梦想早已丢弃，女人把所有的期待和对未来的热望都寄托在下一代身上，包括自己未竟的梦想。

其实大可不必，女人也有坚持自己梦想的权利，也有为自己梦想去努力的自由。就算是白发苍苍，女人也该有梦想！把遗忘的梦想重拾，装进心灵的许愿瓶，然后坚持向着梦想靠近。

思想丰满，女人的傲人资本

新世纪伊始，现代女人也在改写着美女的新版本：不仅要艳丽，还要思想。这些活跃的美女精英，纵使不能让男人惊艳，也会凭借她们对流行敏锐的洞察力，让男人一眼看去就不能忘怀。

女人可以羞涩，可以撒娇，可以装傻，可以生气，但不能没有自己的思想，爱与被爱都是需要智慧来捕获的。如果你始终不是个身体丰满的女人，那么你就要努力做一个思想丰满的女人，身体的丰满或许会变成臃肿，但思想的丰满，却始终都是属于你的傲人魅力。

有思想的女人是有自信的女人。她们彰显个性风采，却不过于张扬，她们相信自己的学识和认知能力，坚信自己的理想和抱负，懂得不断地学习和追求新的知识，让自己不断地进步。当困难出现的时候，她们临危不惧，从不怨天尤人或者悲观丧气，不会只用眼泪作为捍卫自己的武器，相信自己能够解决困难，同时也能积极地寻求可靠的解决方式和方法。温婉贤淑的女性却带有自信执着的气质，娇柔下却有一颗坚忍顽强的心。

有思想的女人是客观公正的女人，她们不趋众，永远保持着冷静的头脑和处世态度。她们有知识有文化，了解社会的动态和知识走向，在纷繁复杂的社会圈子里，她们绝不轻易问人什么是对什么是错。她们拥有自己的一套处世哲学，却别于那些穿梭于钢筋水泥构架城市里的女人，和那些歌舞场浓妆艳抹的女人更是截然不同。她们注重仪表，但不妖冶；她们注重礼貌，但不过分亲热；她们注重情感，但不任人唯亲。做人处世永远都以事实说话，从不妄断，这样的女人，更是男人得力的助手。

有思想的女人能够包容别人，尊重他人的选择，不会把自己的价值观、人生观和世界观强加到别人的身上。她们能够设身处地为他人着想，站在对方的角度理解他人，并尽可能地帮助他人。即使自己和别人的想法不同，她们也不会企图去改变别人什么人或事，充分懂得尊重他人的思想和习惯，需要时会聪明的引导。男人对这样的女人评价非常高，如果是妻子，便是一个贤内助；如果是合作伙伴，便是值得信任的朋友。

有思想的女人有完整独立的人格，相信世界上存有美好的爱情，面对错误敢于承认，面对责任勇于担当。在经济上，她不依靠任何人，在精神的世界里，她不是某个男人的附属品，她懂得通过交友、读书、旅游、锻炼、娱乐，充实自己的内心。在情感上她相信，这个世界有亘古不变的永恒，她懂得珍惜情感，经营生活。面对困难与挫折，她不找借口，不逃避，勇敢面对，动手改进，将挫折转化为前行的动力。勇于承担自己的责任，不逃避不推卸，这样的女人是充满魅力的。

思想是美丽的，思想着的女人是可爱的，思想的光环可以照亮每一个隐暗的角落！不要停止你的思想，不要仅仅用眼睛和耳朵感受这个世界，要用大脑，要用思维！在你走出的每一根弧线中，都有你思想的光芒在闪烁！

智慧女人是男人的至宝

好女人是一所学校，这所学校既有美丽的校园，又有丰富的课程，还有取之不尽用之不竭的藏书和世界一流的教学设备，这样，男人才会流连忘返。男人上了这样的好学校，才会从本科一直读到硕士、博士乃至博士后，最后干脆自动申请留校任教，一心一意地为学校服务，鞠躬尽瘁死而后已。

与美貌的女人在一起，只会使男人不停地花钱，而与智慧的女人在一起，却使男人不停地赚钱。一个智慧女人，是男人的一笔无价之宝。

女人的智慧体现在哪几个方面呢？

1. 智慧的女人是出色的驯兽师

人是由动物演化而来的，这就决定了人身上既有动物性，也有社会性。男人虽说是眼球动物，但如果他遇到的是一个智慧的女人，他就会收起心中的野性，而滋生出更多的人性。

智慧的女人都是驯兽师，会让男人心甘情愿地走进温馨舒适的动物园——家庭。世界上最厉害的爱情杀手莫过于男人觉得自己的妻子越来越像妈妈，女人觉得自己的丈夫越来越像孩子。假如女人聪明到会吓跑男人，那只能说明她不够聪明。一切独立，自己苦干，一切计划自己决定，出了问题只能自己担，一个人哭泣却对所有人摆出自信的笑脸。这样的女人，不是真正的有智慧。

在好莱坞驰骋了大半辈子的沃伦·比蒂为什么只拍过为数不多的二十多部电影？因为，生活中的他有一半的时间都在床上。在他那漫长的拈花惹草的名单上包括了世界上最美的30多位女性。

欲海无边，回头是岸。1991年，这个已过半百的老牌花花公子，在拍摄影片《豪情四海》时被美貌与智慧并存的女主角安妮特·贝宁收服，结束了三十年的风流人生。两人结为夫妇，直到现在一直忠贞不贰。贝宁这个女人堪称伟大的驯兽师。

2. 智慧的女人是男人事业的参谋长

既然男人都以建功立业为人生最大的目标，那么，一个聪明的女人就要善于出谋划策，当好男人的策划人、参谋长。

美国上一届总统的第一夫人米歇尔·奥巴马有着独立的思想

和作风，还是个出色的演讲者。米歇尔的经历也与希拉里有相似之处：二人均是名校法学院的高才生；为了支持丈夫的政治追求，都先选择了自我牺牲；都在丈夫仕途晋升背后扮演了不可或缺的顾问角色。

3. 智慧的女人都是领航员，总为处于混乱的男人指点迷津

事实上，在波涛汹涌的人生海洋中，男人时常处于迷途的漩涡中，找不着正确的方向，此时，聪明的女人要有一双雾海夜航的慧眼，帮助男人把好舵，重新找到希望的航线。

唐太宗大治天下，盛极一时，除了他手下一批文臣武将尽心尽力，也与妻子长孙皇后适时的"点拨"是分不开的。

好女人是一所学校，一所令男人欲罢不能的好学校。男人不但会读书，会留校，还愿意成为这个学校的终身荣誉教授——即使他离开了，将来他赚了很多很多钱，他也愿意把钱捐献给这个迷人的母校。

女人资本课：智慧女人的6大法宝

智慧于点滴间塑造一个人，有智慧的女子美得别致，能使自身资本不断增值。掌握下面6大法定，让愚笨的你智慧，让智慧的你更加智慧。

法宝1：保持独立的人格

如果说一个家庭里男人是CEO，女人就是职业经理人；男人是头脑，女人就是心脏。从企业的角度来比喻，职业经理人要尊重CEO，但不是唯命是从。如果你只对老板负责任，你这个责任太小了，如果你把自己的责任放在企业、行业中，然后努力融入社会这个层次，融入社会责任中，这时，你对老板的配合或推动，就会相对无私，不会因为个人的得失而斤斤计较。

作为CEO的丈夫，对职业经理人的妻子能有种包容理解的心态，就是职业经理人的幸运。夫妻之间，唯唯诺诺的心态与处世哲学只会令你失去对方应有的尊重。但独立与妥协、独立与霸道之间的度，一定要调适合理。

法宝2：该放手时就放手

为何我们要如此占有对方，其实是因为畏惧，畏惧失去，畏惧不被爱，畏惧被抛弃。但是，你是否知道，婚姻中你给对方越多的自由空间，他就越不舍得从你身边走开。因为，人人都不会轻易放弃已经抓在手中的东西，去追求一个遥远的未知。但如果你们缘分已尽，还是及早放手为好，否则只会伤人伤己，既没有美满结局，又耽误了大好年华。

法宝3：体会做母亲的快乐

清楚自己的人生地图。女人一定要记住，不管你多么强势，多么注重事业，作为女人，结婚、做母亲、教育子女都是人生的必经之路。生孩子的黄金岁月只有那么几年，千万不能错过机会而放弃了做母亲的权力和乐趣。

然而，对于女人，现实的残酷性在于，女人一旦放弃手中任一项事业，就再难回头。所以，女人即使相夫教子时，还要时刻准备着自己事业的回归。我们没必要去抱怨世界的不公，重要的是，要清楚自己要什么，何时要，放弃什么，何时能再捡回来。人生地图就是在你心中的这一规划。

法宝4：一笑泯恩仇的大气

印度有一位僧人，大度超然，从不生气。他的这种风度令一位过路人十分感兴趣，于是这位过路人就想方设法惹怒僧人，因为他无法相信世界上会有一位如此超脱的人。用尽千方百计都不奏效之后，过路人再也无法忍受了，气急败坏地对僧人说："为什么你就不生气？为什么你会这样？难道你不是人吗？"僧人微笑地对这位过路人说："如果别人给你的礼物，你不想要，再退回给这个人时，结果会怎样？"

因为误解中伤，我们都会生气，但是，有一句名言这样说："生气是拿别人的错误来惩罚自己。"如果我们能学会原谅，学会超然，学会一笑泯恩仇，便使自己成了一个大气的女人，并且令人尊重。

法宝5：外在与内在的美丽同等重要

尽管人们知道，不能根据书的封面来判断书的内容，然而，没有一个出版商不在出书时，在书的封面上大下功夫，因为他们知道，任何一个不了解书的内容的读者，没有不从书的封面评判这本书的。

同样，女人的外表就像书的封面一样，决定了别人的第一印象。为了给人留下好的第一印象，女人的衣着一定要有品位，特别是进入中年的女人。年老色衰是真实的状态，如果再不注意，惨状可想而知。略微讲究一下即可，倒不必铺张奢侈。如果你是一个不修边幅的女人，不要幻想别人发现你所谓的内在美，从而尊重你，喜欢你。想求得世人的尊重，首先要对自我足够尊重。

法宝6："度"的把握

度的东西很含糊，但却表现在女人生活细节的方方面面。比如：女人是否清楚知道自己要什么，是否总是处处与别人比较？得失之间如何平衡？进退之机如何把握得宜？对丈夫，是抓紧还是放手？自信与自大、谦和与自卑、独立与霸道，往往只是一步之遥。

生活是随机的，如何掌握这个度，没法用科学的公式度量。一个女人在一生中不断地完善自己，在磨合中进步，才是人生的真谛。没有什么一步到位，绝不可能不犯错误，更没有十全十美的人，能掌握度的女人，才是美丽智慧的女人。而这一切来自不断的"修炼"。

第四章

会说话的女人最强大：女人的口才资本

女人有口才，才有好未来

　　语言是一条纽带，它能够将人们紧密连接起来，纽带质量的好坏，直接决定了人际关系的和谐与否，进而会影响到事业的发展以及人生的幸福。

　　尤其对于女人，卓越的口才、有技巧的说话方式，不仅是家庭幸福的法宝，更是事业披荆斩棘的利剑，增加自身个性魅力的砝码。

　　有些女人是天生的社交高手，这不是因为她们拥有倾城的外貌，而是因为她们无论在什么场合，都能口吐莲花，妙语连珠，博得满堂彩。会说话的女人，能适时送出赞美，让人听了如沐春风；会说话的女人，能让批评也变得悦耳；会说话的女人，懂得什么时候该温柔婉转，什么时候该仗义执言；会说话的女人，面对不同的人，会采取不同的语言策略；会说话的女人，能适时转变话题，以免气氛冷场；会说话的女人，不仅会说，更会倾听。

　　口才是女人的成功资本，有着良好口才的女人一定是善于与人沟通的人。善于沟通的女人，一定拥有众多的支持者，也最容易受人欢迎，获得别人的理解；善于沟通的女上司一定是个好的领导者，因为她了解下属，下属也相信她；善于沟通的母亲，子女比较听话；善于沟通的妻子，婚姻才会幸福；懂得用沟通的方式教育学生的老师，她的学生一定用功学习。

　　亚里士多德曾经说过，漂亮比一封介绍信更具有推荐力，也更容易被人们所接受。事实上也的确如此。可以说，出色的美貌是女人的一种竞争力。但天生容貌出众的女人并不多，庆幸的是，与美貌相比，良好的口才更是女人脱颖而出的资本。而且美貌是有期限的，并且有很大的遗传因素，而口才不仅没有期限，是可以靠后天锻炼出来的。

　　如今的女人，早已摆脱了成天围着灶台转的命运，她们走出了家庭，走入了社会，成了干练的职场丽人，成了叱咤商场的女强人，而这无疑对她们的口才能力有了更高的要求。毫无疑问，女人的容貌固然重要，但更加不可忽视的是女人的口才，会说话的女人才是最出色的！

　　作为女人，如果你没有骄人的外貌，也不要为此耿耿于怀，你完全可以通过不断修炼、完善自己的口才，来为你的美丽加分，为你的魅力加分！

成功女人，能说会道

　　一般人认为只要哪个年轻女人天生丽质、长得漂亮，就有可能交上好运。其实，有些女人虽然外貌标致俊美，服饰更是新奇漂亮，但素养较差，语言浅陋，不仅当众说话毫无魅力可言，其外表的美貌也因此而丧失了光彩。而有些女人则是天生的社交高手，这不一定是因为她们拥有多么出众的外貌，而是因为她们无论在什么场合，都能妙语连珠，博得满堂彩，从而也为自己增添了人格魅力。

女人可以不漂亮，但是一定要会说话。对于现代女性而言，要想拥有幸福，取得成功，并非只靠漂亮的外表，更重要的是靠应情应景的语言表达。一个会说话的女人，必定能够将自己的智慧、优雅、博学、能力通过自己的口才展示在众人面前，从而使自己受到周围人的喜爱。

中国著名的节目主持人杨澜，也是凭借着优秀的口才，才取得了巨大的成功。

杨澜本来只是北京外国语大学的一名普通大学生，并没有什么惊人之举。正大集团结束了与几个地方台的合作，转与中央电视台共同制作《正大综艺》。双方决定要挑选一位有大学经历的女大学生做主持人，杨澜也被推荐参加试镜。

一开始，杨澜并不被人看好，只是因为她的气质较佳，所以才能一路过关斩将杀入总决赛。据一位导演透露，虽然杨澜被视为最佳人选，但是有些人认为她不够漂亮，所以是否用她尚不能确定。

最后确定人选的时候到了，他们要在杨澜与另外一位连杨澜也不得不承认"的确非常漂亮"的女孩子中间选择一人。杨澜的好胜心一下子被激起，她想："即使你们今天不选我，我也要证明我的素质。"

这次考试两人的题目是：一、你将如何做这个节目的主持人？二、介绍一下你自己。

杨澜是这么开始的："我认为主持人的首要标准不是容貌，

而是要看她是否有强烈的与观众沟通的愿望。我希望做这个节目的主持人，因为我喜欢旅游，人与大自然相亲相近的快感是无与伦比的，我要把自己的这些感受讲给观众听。"

在介绍自己时，杨澜是这样说的："父母给我取'澜'为名，就是希望我有像大海一样的胸襟，自强、自立，我相信自己能做到这一点……"

最后，杨澜被录取了。在《正大综艺》节目一步一步打拼，取得了自己人生最初的辉煌。

会说话的女人才会拥有美好的爱情、幸福的家庭，才会拥有和谐的人际关系，才会拥有超强的人脉资源。所以，女人可以不漂亮，但是却不可以没有好口才。因为，会说话的女人本身就具有一种超能力，她可以将自己的智慧、优雅、博学、能力等优点通过自己的口才展示给众人，从而进一步提升自己的魅力指数，并最终成为集万千宠爱于一身的女人！

会说话的女人一开口就赢了

口才对于女人来说至关重要。一个女人说话的语气、态度、举止，直接决定着她在对方心目中的印象，决定着她在社交场合中能否受到人们的欢迎，决定着她在工作中与别人的合作能否顺利进行，决定着她在事业中能否取得最终的成功。

试看生活中那些口吐莲花、妙语连珠的女人，她们一开口就赢得人们的交口称赞，在交际和事业上也是八面玲珑、如鱼得水。

女人要想在社交中赢得人们的信服和尊重，除了有出色的口才外，还要注意以下几个方面：

1. 表情自然，语气和蔼、亲切

不论与谁交谈都应平等相待。与客户交谈应不卑不亢、落落大方，还要讲究方式方法；和晚辈、下级交谈，不要态度傲慢、居高临下；对上级、长辈交谈不要卑躬屈膝、低声下气。为了表达某些内容，可以适当做一些手势，但动作不宜过大，不要手舞足蹈，更不要用手指着对方讲话。

2. 与对方交谈的距离要适度

有这样的一个故事，在一次谈判结束后的鸡尾酒会上，一位日本谈判代表端着一杯鸡尾酒和美国谈判代表在随意闲谈着，日本人老喜欢贴近着跟美国人说话，所以，身体不自觉地向着美国人移去，而美国人却不喜欢人家靠着他说话，于是，也就不自觉地往后退。就这样，一个往前移，一个往后退，结果就变成了日本人追着美国人在大厅里转圈子。

故事尽管有点夸张，但是从礼仪上说，说话时与对方离得过远，会使对话者误认为你不愿向他表示友好和亲近，这显然是失礼的。

3. 交谈时保持优雅的举止礼仪

在交往中，大都涉及个人的举手投足、言谈举止之类的小节，但正是这些小节关系到小到个人及组织的形象，大到国家和民族的利益，正所谓："小节之处见精神，言谈举止见文化。"

一个女人优雅、得体、自然的举止，不是为了某种场合硬装出来的，而应是日常生活中的修养所致，是一种长久熏陶、顺乎自然的结果。这就要求女人要时常有意识地调整、训练自己的举止，从最基本的站、行、坐、蹲、招手、点头、表情等做起。

作为女人，要懂得培养自己的口才。在你人生成功的征途上，它会是你终生的伴侣，它会助你成功，会加速你的成功，会提高你成功的几率。在关键时刻，它能够起到决定性的作用，让你稳操胜券。

女人有内涵，吐口如莲花

写文章讲究"读书破万卷，下笔如有神"。说话其实和写文章是同一个道理，只有自己看的东西多了，才能够妙语连珠，说出有水平、有见解、有说服力的话。

许多女人和朋友在一起，或者与陌生人交谈，常常无话可说，于是就抱怨、哀叹自己天生没有一副好口才，或者埋怨自己太胆小。其实，这种想法是很片面的，好口才并不是天生的，也不是说胆子足够大就可以，好的口才是要有足够的底蕴作为基础的。

谁见过一个目不识丁的女人能口吐莲花呢？好的口才是建立在深厚的学识基础之上的，如果脱离了这个根本，那么言谈就会成为"无源之水、无本之木"，淡而无味，哪里还能说服别人呢？

小霞是一名大三的学生，平时她最爱做的事情就是泡图书馆，各种类型的书都喜欢看一些，各个学科都喜欢研究一下。别看她是女孩子，连男孩爱看的政治、军事书籍她也不会放过。这些书籍极大地开阔了她的视野，也让她了解了各方面的知识，所以，她一说话总是头头是道，让人信服。后来，她代表全校去参加了市里举行的辩论大赛，拿了一等奖。

如果你有一桶水，那么给别人一杯是一件再简单不过的事情，而如果你的桶里没水，又怎么能给别人呢？说话也是一样，首先你要有知识，有内涵，如此才有可能说出精彩绝伦的话。说话虽然需要一定的技巧，但也与一个人掌握知识的多少有着密切的关系，正所谓"腹有诗书气自华"。知识面不够宽广，就算口才学得再好，技巧掌握得再多，也是无法说服别人的。

缜密的思维、幽默机智的应答，准确的表达，这一切无疑都来源于头脑中的广博知识，那种不着边际的，没有什么实际意义的夸夸其谈不是好口才。女人有内涵才能口吐莲花，妙语连珠，倾倒众人。

好声音是女人最佳的名片

生活中，女人的声音常常比思想更重要。一个音色柔美动听的女人，很容易被周围的人接受，即使她思想幼稚，别人也会说那是纯洁。相反，如果女人声音难听，尽管很有头脑，也很难令人有好感。

在社交场合中，如果一位女性拥有良好的举止仪态，说话的声音也很甜美，那就会更加增添她的女性气质，使她的语言充满感染力。

心理学家认为，声音决定了女人38%的第一印象。当人们看不到你时，音质、音调、语速的变化和表达能力决定你说话可信度的85%。声音是女人自然天成的乐器，是穿越男人灵魂的旋律，美与不美，就看你如何把握和驾驭。

生活正在向多元化空间挺进，面对越来越丰富的生活，你不可能事事都身临其境。利用声音在电话中处理公务，和朋友谈心甚至与分居两地的爱人在电话中缠绵都已是很现实的事。未来社会可能会明确地将电话世界与现实世界分开，那时可能会产生专门在电话中存活的"美人"。将来的一切会变得非常简单、清爽和直接，声音会在很大程度上化解现实的麻烦。

看过电影《天使爱美丽》的人都很喜欢里面的女主角艾美丽，能赢得天下男人女人的迷恋，除了她纯真美丽的形象外，她充满童音的稚嫩语言起了关键作用。即使你没有看到艾美丽，但是你听到她孩子般的声音，也会把她想象成一个童心十足、美丽可爱的女子，这是因为声音的作用。

声音由体内器官发出，反映着人体的很多状态，如情绪、情感、年龄、健康状态、喜好，等等。有人说"声音是女人裸露的灵魂"，声音能透露女人心灵的世界。声音是身体最美的旋律，它自然天成，魅力持久，而且可以在后天的努力之下越来越美。很多女人懂得打扮，懂得穿衣，懂得用香水，懂得学习礼仪，但不懂得善用声音。

我们往往有这样的经历，同样的话，从不同女人的口中说出，效果可能大不一样。因为她们说话时的声音、语调等不同，所以说话时的感情自然不一样。有的女人体态优美，但一发声，男人就想跑。王佳从容不迫的音调，不温不火的谈话，带给人的就是信任感；而赵茜邦种尖嗓快语，则很容易让人感觉轻浮，产生不可靠之感。

其实，女人的声音也是可以训练的，就如同女人的形体可以塑造一样。女性要使自己的声音有吸引力、让人爱听，就要在平时多看些口才训练方面的书，花费时间进行音调的训练，"包装"声音，塑造出美的声音。

赞美他人，愉悦自己

每个人都有自己的优点，找到并发自内心赞美他人的优点，会让我们交到很多朋友。但是，聪敏的女人，必须记住，赞美并不等于阿谀奉承，赞美是发自内心的。

会说话的女人往往是善于赞美别人的女人，她会抓住对方身上最闪光、最耀眼、最可爱而又最不易被大多数人重复赞美的地方，为对方戴一顶受用的"高帽"，让他有"飘飘然"的感觉。

有一次，业务部门接了新加坡一家公司的上亿元的大单子，张美心想如果这个单子谈成了，那么这个月就会超额完成任务。可是谈判的过程是非常艰难的，对方的负责人刘总监提出很多要求，而且还百般刁难。这让负责洽谈的人感觉非常棘手，一时想不到更好的解决方法，就这样陷入了僵局。

张美作为业务部的总监压力颇大，决定自己亲自出马。3天后的一个晚上，张美和公司老总一同约请刘总监一行共赴晚宴。席间大家相谈甚欢，彼此抱怨在商场打拼的不易，都没有提到那个单子的事情。晚宴结束后，饭店经理进来拿个很大的签名簿和软笔，说请大家留言题字多给饭店提些宝贵的意见。刘总监大笔一挥，留下几行潇洒飘逸的书法，让随行的人不由得鼓起掌来。张美紧接着说："没想到刘总监能写出这么漂亮的书法，真是让人钦佩啊！不知道您是拜在哪个书法大师的门下学习的？"此时，刘总监虽然表面上不动声色，但是内心里已经是如糖似蜜了。"我哪拜什么书法大师啊，就是自己喜欢书法艺术罢了，工作之余也就是喜欢写几个字，怡然自乐坚持了10多年了，张美女士过奖了！"大家在欢乐的气氛中分手了。

第二天，张美就接到刘总监的电话，很是客气地告诉她这个单子他们做，其他的要求就不提了。

从上面的例子可以看出：也许在其他人看来，对方负责人能写一手好书法，没什么值得大加赞美的；但张美却能抓住对方的这个"闪光点"，适时而有度地进行赞美，并因此向对方表示了特别的肯定与敬佩，从而满足了对方那么一点虚荣心，也使对方心里异常地高兴，单子的谈成自然是水到渠成的事了。

当我们真诚地赞美别人时，对方也会由衷地感到高兴，并对我们产生一种好感。所以，在交际的过程中，女人们要学会赞美和欣赏别人。这样，别人才能感受到我们的热情，从而增进双方的关系，拉近彼此的距离。

温言软语打动男人心

许多男人都是被女人打败的，但女人很少是依靠力量，至少99%以上依靠的还是以柔克刚的智慧，而温言软语便是这种以柔克刚的必定需要，更是以退为进的一种战术表现。

一天，正忙着写程序的小于接到老婆的电话。因为他的手机扬声器开着，办公室里的每个同事都可以清清楚楚地听到他和妻子的对话。

小于十分不耐烦地说："什么事情？我正在工作！"电话那边娇滴滴地回答说："你中午回家买菜哦，我想吃青椒炒鱿鱼了。"

小于一回头，见大家都盯着他，便故意要些大丈夫威风："中午我不回家了！朋友约我出去喝酒！"

电话那头的声音依然是娇滴滴、软绵绵的："你不回家啊，那我一个人怎么吃饭啊？"小于这才犹豫了一下，说："好吧，我还是回去给你做饭吧。"

一屋子的女人都瞪圆了眼睛，七嘴八舌地议论小于的老婆有福气。小于说："就是有福气。我天天在家给她洗衣服、做饭……"

倘若厉声厉气，想必故事里的小于肯定不会屈服。正是女人那几句温言软语，拨动了男人心底那根柔软的弦，所以才赢得老公人前人后效力。正像一位诗人所说的，"女性向男性'进攻'，温柔常常是最有效的常规武器。"

能攫取男人心的都是细语柔声、甜言蜜语的声音。最受男人欢迎的女人的声音是温顺、轻柔的声音。聪明女人会在悦耳的声音中注入精彩的人性，让声音形成迷人的风景。这样的声音是最有力的，它能够熔化男人的钢筋铁骨。

男人纵然是钢筋铁骨，听到了女人的柔声细语，也许仅仅只是一声低唤，一阵呢喃……就会心甘情愿地陷落自己的城池，醉倒在女人温柔的声音里，不愿醒来。

幽默，让女人的语言锦上添花

纪伯伦曾说过："大智慧是一种大涵养，有涵养的人才善于学习。我们从健谈的人身上学到了静默。"幽默的谈吐，是社交场合必备的智慧，幽默风趣的女人往往更受人欢迎。

有一位叫海棠的女孩，虽然没有出众的容貌和迷人的身材，但为人性情开朗、正直、幽默，许多人一旦和她交往几次，就被她的幽默所吸引，不知不觉地感受到她的魅力。有一次，海棠参加同学生日聚会，和同学们回忆着大学时代的美好生活。

不料主人在招呼客人时，一不小心将一盆水打翻，全洒在了海棠的身上，把她那身新衣服都泼湿了。主人不知所措，显得十分尴尬。海棠淡然地、从容镇定地说："一般正常情况是聚会结束才能换衣服，阿姨，您成全了我，呵呵。"一句话，使满屋的人都笑了起来，难堪的气氛也一扫而光，大家对海棠都投来赞许的眼光。

社交中，不妨抛掉古板、单调、乏味的一本正经的人会给人感觉。交谈中，不时穿插一些朋友们意想不到的、貌似荒谬而实则极有意义的幽默，是获得他人好感的重要方法。因为善于幽默的人平易近人，比较容易和他人相处，有利于建立持久牢固的人际关系。

女人的幽默不同于男人，它跟更多地来自于女人对生活的独特体验与理解，是一种点点滴滴中的智慧的释放。这样的女人喜欢生活，懂得用自己的方式化解怨愤，用微笑放松自己，懂得用智慧增添自己的魅力，使自己的交往更顺利，更自然，更融洽。

著名女歌唱家关牧村在国外演出时的一次告别晚宴上，友人开玩笑说："你的歌喉实在是太迷人了，我们要用市长的位置来交换你！"关牧村微笑着回答："实在对不起，我只能将歌声留给你们了，因为临来时我把心留在了我的祖国！"

富于幽默的回答，既巧妙回答了友人的问题，又凸显了女歌唱家的拳拳爱国之心，使外国人通过她的幽默回答感受到了中国艺术家的精神境界。在从容不迫的幽默中，她的风度和气质展现无遗。

幽默的女人高雅美丽，幽默的女人易赢得他人的尊敬。真正的幽默是需要知识和阅历来做铺垫，只有成熟而智慧的女人才能掌握其真谛。

聪明女人眼睛会说话

众所周知，眼睛是人们心灵的窗口。其实，眼睛还是人们心灵语言表达的重要工具。通过眼神，我们可以看出一个人的思想动态；借着眼波，我们可以交换彼此的感觉与意识，可以传送感情。

"言有尽而意无穷""只能意会不能言传"，放在说话技巧上都恰到好处地说明了眼睛无法取代的作用。因为有时言语无法完全表达清楚我们的心思与用意，这就需要借彼此眼波交流来达到心灵间的沟通。

既然眼睛是心灵的窗户，女人在交际场合与人交谈时，为什么不可以通过这扇窗户来表达自己的内心呢？

男人喜欢看女人的眼睛，亮亮的黑黑的，明眸善睐，深不可测，又让男人流连忘返。男人们会说："女人的眼睛有时让我找不到北，有时让我对自己没信心，有时让我感到很踏实，总之，让我觉得很迷人。"男人们这一次没有骗人，女人会说话的眼睛最迷人，最令男人欲罢不能。

如果说人世间真的魔法棒的话，那么女人的眼睛绝对是无形的魔法棒，可随意指挥和支配男人。当然，这一切的前提是女人的眼睛要会说话。

女人的眼神会让男人干傻事，这是一种不可抗拒的诱惑和魔力。武则天用她会说话的眼睛赢得了天下，杨玉环用她会说话的眼睛迷住了唐明皇。女人眼睛的威力真的是了得。

有句歌词叫做，"羞答答的玫瑰静悄悄地开"，女人总觉得羞涩的眼睛最令男人神魂颠倒。实则不然，女人应该学会直视男人，用自己的眼睛告诉男人，我是自强、自信、自立的，并且我是你的爱人，我能洞察你的一切。如果女人不想太过于让男人望而生畏，那么用眼睛告诉男人："我是爱你的。"

女人，要让你的眼睛学会说话！

不可不会说办公室"名言"

同在职场打拼，谁不想出人头地？又有谁愿意屈居人下？但是出人头地的人，尤其是女人，永远是少之又少。那么是她们缺乏必要的技能吗？还是她们不够敬业？都不是。她们所缺乏的，其实是看似最简单却又最深奥的说话能力。

俗话说："好人出在嘴上"，如果你以为单靠熟练的技能和辛勤的工作就能在职场上出人头地，那么你就太天真了。相对于才干这种硬实力而言，懂得在关键时刻说适当的话，对于我们的职业生涯成功与否起到的作用，同样不容忽视。所以，职场女性必须熟练掌握以下十一个句型，并在适当时刻将它们派上用场。如果你做到了这一点，那么恭喜你：因为加薪与升职已经离你不远了。

恰如其分地讨好的句型："我很想知道您对某件事情的看法……"

不露痕迹地推辞的句型："这件事情是很重要，但是我手头的工作也很重要，您看先干哪个？"

智退性骚扰的句型："这种话好像不大适合在公司讲吧？"

巧妙闪避、暂时解危的句型："我认真地考虑一下，一会儿答复您好吗？"

在承认错误的同时自保的句型："都怪我一时疏忽，不过……"

冷静面对不当批评的句型："谢谢您告诉我，我会仔细考虑您的建议。"

委婉求助同事帮忙的句型："这个事情没你不行啊！"

"一个好汉三个帮"，遇到棘手的工作，怎么才能让同事心甘情愿地助我们一臂之力呢？送高帽、灌迷汤一向是行之有效的好办法。不过事成之后，别忘了对同事真诚地道谢，必要时还要学会分享。同事有需要的时候，你还要记得报恩，否则这个句型并不能保证你百试不爽。

表现团队精神的句型："小李的点子真不错！"

领导征求答复时的句型："我立即处理。"

委婉地传递坏消息的句型："我们好像碰到了一些状况……"

不要轻易发号施令，可以用"大家觉得这样如何？"代替命令。

女人资本课：6招练就女人好嗓音

会说话的女人声音中总有着一股甜美迷人的魅力。拥有一副悦耳动听、清脆婉转的嗓音是每个人女人的渴望。那么，女人究竟怎样才能练就一副好的嗓音呢？你至少应该从以下几个方面去努力：

1. 检验一下自己的音质和语调

你是否了解自己的音质、说话速度的快慢。大多数人并不太清楚，而且也从来没有想过要把检验自己的声音和说话速度当成一回事。我想应该很少有人会想到要透过录像机或者录音机来听听自己的声音，即使曾想到过，大多数人也不太愿意真正付诸行动。但是，为了提高说服能力，就必须了解自己各方面的状况，这其中当然包括声音在内，并且要从根本来加以改善。为此，就有必要利用录影机或录音机来检验一下自己的音质和语调。

2. 记下他人沉静平稳的嗓音，勤加模仿

这样不知不觉中，你的声音就会产生连自己也察觉不到的变化，甚至达到与你心中理想声音酷似的地步。

3. 控制音调的高低变化

如果你在和别人讲话时始终保持同一个音调，就会使听的人昏昏欲睡，打不起精神，自然也就达不到讲话的目的。即使内容再精彩也不会引人注意，还可能使别人不乐意与你交往。

4. 口齿清楚，不要有太多的尾音，每个音节之间要有恰当的停顿

声音太大了会让人反感，让人感觉是在装腔作势。但音量太小会使人听着费劲，误以为怯懦。一般要根据听者的远近，适当控制自己的音量，最好控制在对方听得见的限度内。

5. 放慢说话速度，应追求一种有快有慢的音乐感

单调如一的声音，如同催眠曲，令人厌烦。可以放慢速度强调

一些主要词句，在一般内容上稍微加快变化。随着内容和情绪的变换，说话的音量和音调也应该发生变换，可侃侃而谈如淙淙流水；也可慷慨激昂似奔泻的瀑布。在不同声音段里，要有高潮、有舒缓、有喜忧，才能引人入胜，扣人心弦。

6. 说话前应先考虑自己要说什么，对方会怎么想等问题

例如，在开口说话时先小声地在心中提醒自己"我要谈的是什么内容？""对方会怎么想呢？"如果能够做到这一点，就能以从容不迫的语调和人进行谈话。记得压低你的音量，一个沉着冷静的你就立刻呈现在对手面前了。

这样的声音不仅能让人有安全感，还能带给人身心舒畅的感受。当然，它的沉着平稳更让人觉得可以信任。

声音是一种能量，能影响和作用他人。温婉的声音，让人产生信任感；甜美的声音，让人乐于倾听；有些女性的声音可以获得性感。声音能够表现个性，传递性情。人与人之间更多更深的交往总是依赖语言，你能够懂得声音的重要性并努力地调整和改变，生活会顺利和愉悦很多。

第五章

温婉练达，人见人爱：女人的交际资本

女人社交"芭蕾舞"法则

良好的社交处世能力有助于女人取得生活上和事业上的成功，一个女人拥有了端庄的举止、优美的仪态、迷人的神韵、高雅的气质，再加上内在的品格力量，便拥有了打开社交之门的魅力钥匙。女人要想从容自如地游走社交圈，成为众人交口称赞的交际明星，还需要遵从并娴熟地运用以下的社交"芭蕾舞"法则。

1. 真诚尊重的原则

苏格拉底曾言："不要靠馈赠来获得一个朋友，你须贡献你诚挚的爱，学习怎样用正当的方法来赢得一个人的心。"可见在与人交往时，真诚尊重是礼仪的首要原则，只有真诚待人才是尊重他人，只有真诚尊重，方能创造和谐愉快的人际关系，真诚和尊重是相辅相成的。

真诚是对人对事的一种实事求是的态度，是待人真心实意的友善表现，真诚和尊重首先表现为对人不说谎、不虚伪、不骗人、不侮辱人，所谓"骗人一次，终身无友"；其次表现为对于他人的正确认识，相信他人、尊重他人，所谓心底无私天地宽，真诚的奉献，才有丰硕的收获，只有真诚尊重方能使双方心心相印，友谊地久天长。

2. 平等适度的原则

在社交场上，礼仪行为总是表现为双方的，你给对方施礼，自然对方也会相应地还礼于你，这种礼仪施行必须讲究平等的原则，平等是人与人交往时建立情感的基础，是保持良好的人际关系的诀窍。平等在交往中，表现为不要骄狂，不要我行我素，不要自以为是，不要厚此薄彼，更不要傲视一切，目空无人，更不能以貌取人，或以职业、地位、权势压人，而是应该处处时时平等谦虚待人，唯有此，才能结交更多的朋友。

适度原则即交往应把握礼仪分寸，根据具体情况、具体情境而行使相应的礼仪，如在与人交往时，既要彬彬有礼，又不能低三下四；既要热情大方，又不能轻浮谄谀；要自尊却不能自负；要坦诚但不能粗鲁；要信人但不能轻信；要活泼但不能轻浮；要谦虚但不能拘谨；要老练持重，但又不能圆滑世故。

3. 自信自律原则

自信的原则是社交场合中一个心理健康的原则，唯有对自己充满信心，才能如鱼得水，得心应手。

自信但不能自负，自以为了不起、一贯自信的人，往往就会走向自负的极端，凡事自以为是，不尊重他人，甚至强人所难。那么如何剔除人际交往中自负的劣根性呢？自律原则正是正确处理好自信与自负的又一原则。自律乃自我约束的原则。

4. 信用宽容的原则

信用即是讲究信誉的原则。在社交场合，尤其讲究一是要守时，与人约定时间的约会，会见、会谈、会议等，决不应拖延迟到。二是要守约，即与人签订的协议、约定和口头答应他人的事一定要说到做到，所谓言必信，行必果。故在社交场合，如没有十分的把握就不要轻易许诺他人，许诺做不到，反落了个不守信的恶名，从此会永远失信于人。

在人际交往中，宽容的思想是创造和谐人际关系的法宝。宽容他人、理解他人、体谅他人，千万不要求全责备、斤斤计较，甚至咄咄逼人。总而言之，站在对方的立场去考虑一切，是你争取朋友的最好方法。

温婉文雅女，礼倾天下人

无论是银幕上还是在真实的生活中，让人着迷的往往不是漂亮的女人，而是那些得体优雅、懂礼仪有教养的女人。讲究仪表和修养的女人才会具有高贵的气质，温柔典雅的女性才能散发迷人妩媚的气息，彬彬有礼的女人能使自身的美焕发出一种特殊的力量，而这一切是雅致和谐和仁爱的总汇。

女的魅力重要的是来自人格的魅力，人格的魅力一个重要体现是尊重他人，遵守礼貌礼仪的原则和规范。下面是一些基本的社交礼仪，对女人来说是很有必要了解和学习的。

1. 介绍

介绍的顺序应该是先将年幼人士介绍给年长的人士；将晚辈先介绍给长辈；将男士介绍给女士，以表示身份和性别上的尊重。

2. 握手

握手应用右手，身体微微地前倾以示尊重，双方距离1米为宜，用力适度以示诚恳热情，过轻过重都是失礼的行为。

握手时要热情，面露笑容，注意对方眼睛，并亲切致意，切不可漫不经心，东张西望。如果手上有手袋，应用左手拿住。

3. 交换名片

应站立、面带微笑、目视对方，用双手或右手将名片正面交与对方，接受他人名片后应道谢，并阅读名片，以示礼貌。

4. 交谈

交谈应注视对方面部，既不可死死盯住对方的眼睛，也不可草草应付不与对方眼神交流。交谈者的距离应在2米以内，2米以内是较为紧凑和谐的私人空间；2米以外容易分散注意力，影响良好的沟通氛围。交谈时不应随意打断对方谈话。

5. 电话

电话是看不见的人际交往方式，语言是唯一的魅力，通常电话应在第二声铃响之后迅速接听，如铃响超过了四声，应主动向对方表示歉意。在西方有一个不成文的规定，电话应避开清晨、晚间十点左右以及吃饭的时间，接电话时应避免与他人谈笑或吃东西、处理其他事情，等等，除非不得已，同时应向对方作说明。

6. 拜访

务必要避免没有预约的拜访，并应尽量避免在吃饭或休息时间因故失约，务必要提前通知对方。居家私人拜访，特别是应邀就餐时应该携带花卉、酒等特色小礼品。

在顾客家中，未经邀请，不能参观住房，即使较为熟悉的，也不要任意抚摸和玩弄顾客桌上的东西，更不能玩顾客名片，不要触动室内的书籍、花草及其它陈设物品。

7. 接待

客人初次拜访通常都有拘谨和生疏感，务必要将客人一一介绍给在场的相关人士，并应主动介绍客人可能会需要的设施，如洗手间等。待客时不要经常看手表，会给客人造成急于送客的错觉。

在工作中接待客户时，应该点头微笑致礼，如无事先预约应先向顾客表示歉意，然后再说明来意。接待客人应热情主动，及时了解他的需求是最为重要的。

8. 乘车

乘车姿态富有很强的动感，最能表现女性优雅的风度，也最容易暴露问题，坐车的时候不能撅着臀部爬进去，而是让臀部先坐在位置上，再将双腿一起收进车里，并保持合拢的姿势。司机斜后方的位置是最尊贵的，司机旁的位子通常是下属或工作人员的。有一种情况应注意，当你的丈夫或太太或情侣开车时，你务必应该与他（她）同坐前排。乘车后你要打理座椅，带走乘车时用过的废品。

9. 用餐

只在用餐时间才吃东西，注意自己用餐的仪态，动作要轻盈，尽量不要发出很大的声音，餐后注意环境卫生，桌面应擦拭干净，餐盒应立即扔进远离工作场合的有盖垃圾桶里。

10. 修饰

头发经常清洗、梳理、修剪，保持卫生、美观；略施淡妆，显示出清雅、愉快、自信的神态；服装得体、大方，不要穿过分

"薄、透、露"的服装，颜色也要注意和谐淡雅；注意口腔卫生，经常洗澡、剪指甲。

女人要学会与陌生人打交道

与陌生人交往是人际交往中最重要的步骤之一。处理好这一步可以使女人结识很多有趣的朋友，并且锻炼自己的口才，增加自己的自信；倘若处理不好会引起尴尬，失去很多的机会。面对陌生人，女人应当如何开口打开局面，赢得对方的信任呢？

1. 流露笑意，表示亲切

第一印象往往是交往的基石。能给人留下好的第一印象你就成功了一半！第一印象的好坏决定于初见时的第一眼感觉，而人与人初次见面时，表情就是决定印象好坏的最大因素。

心理学认为"微笑"就是"接纳、亲切"的标志，也就是说当你微笑时，等于告诉对方"我不会害你""我对你并没有敌意存在"。第一次见面时若没有笑容的话，会让对方感到紧张，以为你在拒绝他，难与你亲近。嘴角上扬、连眼神也在笑的表情就是一种好感的表示。当你一直微笑看着对方时，就能消除对方的警戒心。

2. 放松心情，寻找共同点

人在紧张或恐惧的状态下，是很难顺畅、流利地表达自己的见解的，只有当自己完全放松下来的时候，妙语生花的语言才能脱口而出……

其实，在人们的日常交谈中，所谈论的话题大多没什么特别的意义，不会对彼此的生活产生什么特别的影响。据专家调查统计，甚至在最具刺激性的谈话中，也有近一半的内容是没什么意义的。所以，我们与陌生人交谈的时候，大可放松心情。只有心情处于平静状态，思想的年轮才能迅速地转动起来。

与陌生人开口交谈要找共同点。如何找到共同点呢？

从一个人的服饰、举止、谈吐可以看出他的心情、精神状态和生活习惯。开始谈话前首先看对方有何与自己相同之处。例如，他和你一样都穿了一双耐克气垫运动鞋，你可以以耐克鞋为话题开始你们的谈话。

两个陌生人相对无言，为了打破沉默的局面，首先要开口讲话，可以采用自言自语，例如，"天太热了"，对方听到这句话便可能会主动回答令谈话进行下去。

还可以以动作开场，随手帮对方做点事，如推下行李箱等；也可以发现对方口音特点，打开开口交际的局面，例如：听出对方的上海口音，说："上海人吧？"以此话题便可展开。

其实最好的办法是从一个话题到另一个话题地试着说，如果某个题目不行，再试下一个。或者轮到你讲话时，可讲述你曾经做过的事情或想过的事情，修整花园、计划旅行或其他我们已经谈过的话题。不要对片刻的沉默慌张，让它过去即可。

长袖善舞玩转交际圈

作为一个女性，要善于塑造自我、肯定自我、提升自我、表现自我，而在人际交往中能够精心营造出属于自己的社交圈，则是新时代女性在性别主体上和独立性上的最好体现。女人要打造属于自己的交际圈，应当做到以下几点：

1. 推销自己

在人际交往中要尽可能地推销自己。当别人想要与你建立关系时，她们常常会问你是做什么的。如果你的回答没有表示出你的热情，你就失去了一个与对方交流的机会。使你的回答充满色彩，同时也能为对方提供新的话题，说不定其中就有对方感兴趣的。

2. 帮助他人

如果朋友遇到困难时应及时安慰或帮助他们。不论你关系网中任何一个人遇到麻烦时，你应该立即与他通话，并主动提供帮助。这是表现支持、联络感情的最佳时机。

3. 与圈子中每个人保持积极联系

要与关系网络中的每个人保持积极联系，唯一的方式就是善于运用自己的日程表。比如，记下那些对自己特别重要的人的日子，像生日或周年庆祝等，并在那个日子到来时，打电话给他们，至少给他们寄张贺卡让他们知道你时时在想着他们。

4. 适时中断无益的老关系

不要花太多时间维持那些对自己无益处的老关系。当你对职业关系有所意识，并开始选择可以助你事业成功的人时，你可能不得不卸掉一些关系网口的额外包袱。其中或许包括那些相识已久但对你的职业生涯没什么帮助的人。如果你一再维持对你无益处的老关系，只是意味着时间的浪费。

5. 别总做接受者

在社会交往中不能总做接受者。如果你仅仅是个接受者，而不会主动联络，帮助别人，那么无论什么网络都会疏远你。搭建关系网络时，要做得好象你的职业生涯和个人生活都离不开它似的，因为事实上的确如此。

6. 要常出席重要活动

多出席一些重要的活动，会对你扩大自己的社交圈有很大帮助。因为重要的活动可能会同时汇聚了自己的不少老朋友，利用这个机会你可以进一步加深一些印象，同时还可能认识不少新朋友。所以对自己关系很重要的活动，不论是升职派对，还是同事的婚礼，都要积极参加。

7. 利用自己的旅行

如果你旅行的地点正好邻近你的某位关系成员，不要忘记提议和他共进午餐或晚餐，借此增加彼此的了解，获取一些对自己很重要的信息。

8. 以最快的速度去祝贺他

遇到朋友或同事升迁或有其他喜事要记得在第一时间内赶去祝

贺。当你的关系网成员升职或调到新的组织去时，也要尽早赶去祝贺他们。同时，也让他们知道你个人的情况。如果不能亲自前往祝贺，最好也应该通过电话来表达一下自己的友谊。

9. 组建有力的人际关系核心

在自己的关系网络中选几个自认为能靠得住的人组成稳固、有力的人际关系的核心。可以包括自己的朋友、家庭成员和那些在你职业生涯中彼此联系紧密的人。他们构成你的影响力内圈，因为他们能让你发挥所长，而且彼此都真心希望对方成功。在这个圈子里不存在钩心斗角，他们不会在背后说你坏话，并且会从心底为你着想。你与他们的相处会愉快而融洽。

10. 遵守关系网络的规则

时刻提醒自己要遵守人际交往中的规则，不是"别人能为我做什么"而是"我能为别人做什么"，在回答别人的问题时，不妨再接着问一句："我能为你做些什么？"

聪明的女人善于打造自己的交际圈，她们在多个交际圈中长袖善舞，这不但是女人的自信，也是女人魅力的表现。以一种高尚的人格为人，以一种独特的魅力社交，丰富的人脉就自然掌握在你的手中。

与上司相处，展露女性手段

在职业生涯中，每一位女性都会遇到一个直接影响她事业、健康和情绪的上司，有的可爱，有的可敬，有的也可厌，有的也可恶——但请记住，不管是那种，他或她都是你的上司，抬头不见低头见，更何况，人在屋檐下，不得不低头呢！

所以，成功地与上司相处，不但对你的事业前途大大有益，而且还是一块试金石，最能锻炼你思考和处理人生难题的能力。

1. 与女性上司相处的原则

（1）尽量记住她与你都是女人，有着女人一切的优点、缺点、心态或想法，而且，由于她处在高位，她的敏感与脆弱可能更甚于你。

（2）不要穿得像她的"孪生姐妹"。对拥有青春的下属来说，穿得像女上司一样雍容华贵，是对她的成就感的一种微妙侵犯。

（3）情况不明之前，勿问候她的家人。别冒冒失失问候她的丈夫和孩子。许多女上司的生活之路比我们想象中的要独特得多。单身独处的女子，你何必去加深她的形影相吊之感？

（4）除非被咨询，否则勿向她陈述养颜秘方。交换美容心得是女性之间增进亲密感的要诀之一，不过这一手法不适用于女上司和女下属之间，女上司十有八九会失去笑谈养颜的平常心，因她为晋升付出太多。

（5）不管女上司是否很严肃，记住在电梯里要对她露出微笑。跟男上司相比，女性上司更关注你与人融洽相处的能力，而不是你单枪匹马的业绩。

（6）女上司生病时，记得打电话问候她。登门慰问倒不必，一些从不以"素面朝天"形象出现的女上司，或许并不乐意向你展露病弱形象。

（7）别跟她交流柴米油盐及打毛衣的心得。人的精力有限，跟她絮絮地谈持家心得，颇能引起她的警觉：你是不是一个"半颗心留在家里"的上班族？

2. 与男上司相处的原则

俗话说"男女有别"，剔除其中的封建因素，这也确实是一句大实话，尽量把他当成你的一个工作伙伴，而不是上司或异性，否则你的姿态肯定不够自然。尽管社会越来越进步与开放，但在职场中和异性上司相处的时候，一定要注意下面所说的这些细节。

（1）不要在他面前掉眼泪。泪水容易给人造成这样的印象：她是柔弱的，她的承受力太差了。如果你在上司面前流眼泪，那么原先打算提拔你的上司，也可能会认为你不能胜任工作，而把机会让给其他人。

（2）不管他喜不喜欢小鸟依人型的女子，别在他面前"发嗲"。也许男上司也不讨厌"发嗲"，但在旁观者眼里，你是有野心有企图的，随之而起的流言可能会使上司有意利用你的这种企图。

（3）因为工作被冤枉时，一定不要委曲求全，因为一方面你的"大度"可能掩盖了公司内部真正存在的问题，另一方面会让上司误解你的能力甚至是人品，你的沉默将使他对自己的判断更加深信不疑。既然于公于私都无益，那你还不如找机会解释清楚。

（4）要把自己的位置摆正。如果跟随他出席谈判或别的会议，穿着方面要恰如其分，别让谈判对手误会你也是决策层的人物，自找没趣。

（5）上班穿着一定要整洁、得体、大方。夸张的服饰除了会影响周围同事工作时的专心程度外，更会使男上司怀疑你的工作能力。在工作环境中，化太浓的妆或在工作时经常补妆，有欠对男上司的礼貌，也会妨碍工作。

（6）在上司面前，要注意自己的言谈举止和工作中的细节问题，越是随意的场合越要加以小心，正所谓"当事者无心，旁观者有意"。很多上司都信奉"见微知著"的四字箴言，认为这些生活中的细节很容易暴露一个人的秘密。比如文件的摆放可以看出你做事的条理性和缜密度，发言的声音大小说明了你的自信心如何，酒会上的行为是否得体体现了你的个人修养。

（7）任何一个上司都不会喜欢害群之马，因为是他所管理的团队给了他威严、权利和成就感。没有整个团队的成长，他的事业就失去了依托。所以不要只想着怎样讨上司喜欢，要和你的同事和睦相处，不要搞个人主义，团队意识是你成为一名优秀员工的最基本的要求。

（8）不与他玩爱情游戏。职业女性要想避免来自上司或同事的感情风波，最聪明的做法，就是将私人感情抛出办公室外，谨慎地处理与男上司的关系，提防不适当的恋情影响自己的前途。

简化 Office 人际关系

在办公室里，能否处理好与同事的关系，会直接影响你的工作。建立良好的人际关系，得到大家的喜爱和尊重，无疑会对自己的生存和发展有很大的帮助，而且愉快的工作氛围，可以让人忘记工作的单调和疲倦，对生活能有一个美好的心态。这就需要你掌握好与同事相处的艺术，精通与人沟通的技巧。

1. 不私下向上司争宠

要是办公室当中有人喜好巴结上司、向上司争宠的话，肯定会引起其他同事的反感而影响同事之间的感情。因此，不私下向上司争宠，是处理好同事之间关系的方式之一。

2. 直接向上司陈述你的意见

在工作中，每个人考虑问题的角度和处理的方式难免有差异，对上司所作出的一些决定有看法或意见也属正常，但切记不可到处宣泄，否则经过几个人的传话以后，即使你说的话有道理也会变调变味，传到上司的耳朵里时，便成了让他生气和难堪的话了，难免会对你产生不好的看法。所以最好的方法就是在恰当的时候直接找上司，向其陈述你自己的意见，当然最好要根据上司的脾气性格用其能接受的语言表述。作为上司，他感受到你对他的尊重和信任，对你也会另眼相看，这比你到处发牢骚好多了。

3. 乐于从老同事那里吸取经验

在办公室里，那些比你先来的同事，比你积累了更多的经验，有机会不妨向他们请教，从他们的经验里寻找可以借鉴的地方，这样不仅可以帮助自己少走弯路，更会让公司的前辈们感到你对他们的尊重。尤其是那些资历比你长，但其他方面比你弱一些的同事，会有更多的感动，而那些能力强的同事，则会认为你善于进取，便会乐于关照并提携你。

4. 让乐观和幽默使自己变得可爱

即使你从事的工作单调乏味或是较为辛苦，也千万不要让自己变得灰心丧气，更不要与其他同事在一起抱怨，而要保持乐观的心境，让自己变得幽默起来。因为乐观和幽默可以消除同事之间的敌意，更能营造一种和谐亲近的人际氛围，有助于你自己和他人变得轻松，从而消除了工作中的乏味和劳累，最为重要的是，在大家眼里你的形象会变得可爱，容易让人亲近。当然，幽默要注意把握分寸，分清场合，否则会招人厌烦。

5. 与同事多沟通

无论自己处于什么职位，首先要与同事多沟通，因为个人的能力和经验毕竟有限，要避免"独断独行"的印象。当然，同事之间有摩擦是难免的，即使是一件事情有不同的想法，也应本着"对事不对人"的原则，及时有效地调解这种关系。从另一角度来看，此时也是你展现自我的好机会。要用成绩说话，真正令同事刮目相看。

6. 帮助新同事

新同事对手上的工作和公司环境还不熟悉，很想得到大家的指点，但是有时由于和同事不熟，不好意思向人请教。这时，如果你主动去关心帮助他们，在他们最需要得到关心和帮助之时，伸出援助之手，往往会让他们铭记于心，打心眼里深深地感激你，并且会在今后的工作中更主动地配合和帮助你。

职场友谊：白领丽人的成功支点

职场上如果能培养一批铁杆好友，无疑将成为你事业上的重要支点。然而职场友谊并不像普通的生活友谊那样单纯，对待职场友谊大家应该小心为慎。

有个故事，直接形象地描述了职场人际关系的微妙。两只刺猬，由于寒冷而拥在一起取暖。但因为各自身上都长着刺，靠得太近就会被对方扎到，离得太远，又会冷得受不了。几经折腾，终于找到一个合适的距离，不会太痛，也不会太冷。

职场里，处理与同事之间的关系，其实就是找到这个"温暖又不至于被扎"的距离。那么，女性应当如何处理职场友谊呢？不妨听听专家的建议：

1. 融入同事的爱好之中

俗话说"趣味相投"，只有共同的爱好、兴趣才能让人走到一起。关注同事的爱好和兴趣，将自己在工作和生活中的一些感受和他们进行交流，有利于增进你和同事之间的友谊。

2. 不随意泄露个人隐私

同事的个人秘密，是不愿让其他人知道的隐情。因此，不随意泄露个人隐私是巩固职界友情的基本要求，如果这一点做不好，恐怕没有哪个同事敢和你推心置腹。

3. 不要让爱情"挡"道

作为职业女人的你，最好独自去处理自己的情感生活，在爱情还没有成熟前，即使最亲密的朋友，也不要拖着一起去约会。否则，爱情将会成为友情的"绊脚石"。

4. 闲聊应保持距离

办公之余，同事之间闲聊是件很正常的事。但闲聊也要适可而止，不能无所不聊，更不能打破砂锅地发问，这样不但扫了大家的兴趣，也会让喜欢神侃的同事难堪。在任何场合下闲聊时，不求事事明白，问话适可而止，这样同事们才会乐意接纳你。

5. 远离搬弄是非

闲言碎语是职场中的"软刀子"，是一种杀伤性和破坏性很强的"武器"。这种伤害可以直接作用于人的心灵，它会让受到伤害的人感到非常难堪，也因此会对你产生怨恨甚至报复心理。因此要坚决远离搬弄是非，对不利于友谊和团结的事情要做到守口如瓶。

6. 低调处理内部纠纷

在长时间的工作过程中，与同事产生一些小矛盾，那是很正常的，千万要理性处理摩擦事件。不要表现出盛气凌人的样子，非要和同事做个了断、分个胜负。退一步讲，就算你有理，要是你得理不饶人的话，同事也会对你敬而远之。

7. 得意之时莫张扬

每当自己工作有成绩而受到上司表扬或者提升时，不少人往往会在上司没有宣布的情况下，就在办公室中飘飘然去四下招摇，或者故作神秘地对关系密切的同事细诉，一旦消息传开来后，这些人肯定会招同事嫉妒，眼红心恨，从而引来不必要的麻烦。

欲进故退，游刃有余

女人们一边要操持家庭，一边不得不在职场上与男人并肩作战，甚至领导男人。锋芒太露、过于张狂的所谓"女强人"，或者不思进取、只想沾男同事的光的"弱女子"，往往都是不受欢迎的。

在生活中，智慧的女人深谙进退之道，她们既自信自尊，又懂得尊重她们身边的同事——特别是尊重男人与她们的不同之处。

她们不是不想掌控大局，但却往往会摆出低姿态，首先去聆听、去理解，甚至去让男人发泄……然后，她们会以退为攻，求得最终的实际效果——她们最终达到了自己的目的，却让男人觉得是他们占了上风。

在男上司面前，聪明的女人会像女儿一样撒娇，激发起男人的父性，从而利用她们的优势而说服上司；而在同事之间、客户之间，聪明的她们也会用温柔、宽让、妩媚等女性的特点来化解那种剑拔弩张的竞争气氛，在表面的退让之下解决自己想要解决的问题；在男性下级面前，聪明的女性会发挥她的母性，去理解、开发下级的想法和潜能，即使"官大一级"，她们也从不会伤害到作为下级的男人的自尊——她们明白，不要"面子"的男人只能是窝囊废，有进取心的男人都是自尊心极强的。

在职场，即便学历再高、职位再高、权力再大，智慧女人也不会表现得像一个悍妇，因为她们明白：强悍是男性的优点之一，但从来不是女人的优点。

无论是上司与下级、或者同事之间、或者与自己客户及相关外联机构打交道，聪明的她们都会牢记男人与女人之间的不同，尽量地用男人的立场和思维方式去考虑问题，让男人们产生一股"士为知己者死"的决心。她们会在表面问题上迁就男人，让他们赚足"面子"，但在实际的核心问题上，她们会以女人的韧性坚持到底、绝不妥协，最终实现自己的目标。这种以退为进的策略，往往令聪明的职场女性游刃有余。

学会进退自如，游刃有余，女人的生活将会格外绚烂。

闺蜜要有，蓝颜亦不可缺

女人最幸福的事之一，莫过于一辈子的不同年龄段都有数个闺蜜相伴左右，分享彼此的苦乐年华。虽然我们闺蜜间的友谊在一定的年龄段会有较大的起伏变化，如月圆月缺，与成长相伴相随。但大浪淘沙般的生活阅历，使得友情最终会沉淀下若干让我们终身受用其美好。

女人在成年后要承受来自婚姻家庭和工作事业的双重压力，在多维的社会生活中要扮演多种角色，此时的内心是非常脆弱的，所以在精神上是非常需要一些强有力的支持。女人之间的友谊虽然甜蜜，但在面对利益冲突的时候，很容易会出现矛盾和纠结。所以除了闺蜜，女人完美的幸福生活还需要一种人，那就是——蓝颜知己。

蓝颜知己的定义是什么？据说就是比爱情要淡，比友情要深，比第三者要清白的一种男女关系。是介于朋友和情人之间的，没有肉体关系却胜似有肉体关系的感情，也可称之为知己之爱。在竞争激烈的当今社会里，无论是男人还是女人都需要全方位的感情关怀。人们将这种介于爱人和朋友之间的感情称为"第四类感情"，也叫它"灰色感情"，是作为对爱情和友情所不能达到的范畴的补救。

蓝颜知己无法像爱人那样的朝夕共处，也不像一般朋友那样的君子之交淡如水，却能在你最快乐愉悦和最忧伤难过的时候被你想起，想起时会感到深深的温暖和慰藉；对于你的偏激与固执，会毫不留情地提醒你；对于你孩子般的不通世故，会静静地包容你；对于你没完没了地倾诉，无论何时总是默默地倾听你的心声……他在你的心中一定是个成熟、睿智、善解人意的人，你可以和他探讨人生世事、社会阅历，你可以和他畅谈理想目标、心情故事；你和他无须面对面的相濡以沫，但是在电话里常常笑语连声，在文字里心领神会。

此种知己之情是游离于亲情、友情和爱情之间，比亲情更朦胧、比友情更亲密、比爱情更纯洁。是除了爱人之外最了解你的人，甚至有时候有些话你不会跟你的另一半说但是你会去跟他分享你的心灵絮语，有些跟别人无法说的事情你却能跟他说，这时候的蓝颜知己就是你的心理医生、你的一本心灵日记、你的最忠实的听众，他会在你烦恼忧愁的时候为你指点迷津，然后陪着你一起走出你阴晦的天空。他会在你快乐愉悦的时候快乐着你的快乐，他是你最真实的朋友，也是你生命中真正意义上的可以信赖终生的朋友。

也许女人在这一生中会遇到这样一个特别的人——蓝颜知己，他占领着你的精神领地，丰富着你的精神花园；因为他对你所倾注的关爱超出了一般朋友的界限和理念，可你和他又未曾有过将这样的情感升华为爱情的那种感觉和想要实施的具体行为，或许你们之间纯净得甚至连手都不曾握过。也许平日里他是个浪漫多情的男人，但是在你面前不会有出格的意念，他不会任自己释放温情的爱情光芒、也不会任自己点燃炙热的爱情火焰。你没有机会感受生活里的他，却在他的语言里感受他春风般的气息，仿佛他就在身边。他可以穿过你的外在而到达你的内心，而你却可以把他藏在心里，住在了你的精神家园里。有他在，你的忧伤和脆弱便都有了寄存的地方。

也许，你与他保持着两条平行线的距离，永远没有交集。是宇宙中两颗不会相撞的恒星，你们终其一生也不会有经典的执子之手、与子偕老的爱情故事。然而，你会觉得拥有这样的一个朋友而珍惜热爱现有的生活，也因为有了他的存在，你会感到人生过程会更加精彩，生活有了满目的苍翠。这份信赖与默契、相知与相惜、凌驾于爱情和友情之上的超然的情感，将伴随你坚强地面对生活，微笑地走过那平淡的人生。虽然他不会永远地陪伴在你的身边，也不会在你的生活里扮演任何的角色，但是你会珍藏、会心醉，你会有无尽的回想和遐想，回想从前、遐想将来。你希望他家庭幸福、事业成功；他希望你过得比他好，开心快乐！你们都当对方的幸福是自己的幸福。

如果一个女人的生命中曾有过或现在有着这样的一个蓝颜知己，拥有这样的一份感情，纯净、真挚而绵长，那他将是这个女人生命中的奇迹，将永远珍藏在心中，犹如盛开在精神和想象的心灵之园之花永不凋零。

女人资本课：社交有方，交心为上

这个世界有太多问题，使得人与人之间的信赖逐渐瓦解。其实，获得别人的信任并不难，你应记住的一条原则就是：真诚地对待他人。

交友之道，贵在交心。懂得交心是社交的上上策。

市面上教导你做好人际关系的书籍多得数不胜数。但是，这多如牛毛的秘诀的根本就是要真心对待朋友。不要认为对方仅因为你请的一顿饭，就会对你产生好感。不如记下对方喜欢的东西，有机会送一个小礼物会更有效果。没有谁会讨厌这样的朋友。

当多年的老朋友出现在我们面前的时候，清晰而响亮地叫出他的名字，将是最好的欢迎。相反，两个感情诚笃的老友多年未见而邂逅，如果有一个叫不出对方的姓名，则很有可能引起不快，甚而在对方心头蒙上一层阴影。几乎没有一个人不希望自己的名字被人记住。

不要忘了，用努力、用真心去理解别人，比一顿饭、一个小礼物更为重要。首先，要让别人对你产生好感，再努力传达这种心意，这样就算方法再笨，对方也可以领会到你的真诚。如果这种好感里没有半点真诚的话，那么阅读几百本书籍也不过是看了一堆没用的文字而已。不要试图用诀窍来寻找真正的朋友。即使是再迟钝的人，也有感受真心的能力，不会有人会因为你的雕虫小技而留在你的身边。

关心他人与其他人际关系的原则一样，必须出于真诚。不仅付出关心的人应该这样，接受关心的人也理应如此。它是一条双向道，当事人双方都会受益。

一个母亲给她的孩子讲过这样一件事：一次她去商店，走在她前面的一位妇女推开沉重的大门，一直等到她进去后才松手。当她道谢的时候，那位妇女说："我妈妈也和您的年纪差不多，我只希望她遇到这种情况，也有人为她开门。"

古人云："欢君不用镌顽石，路上行人口似碑。"金杯银杯不如好口碑，口碑是雕刻于心灵的记忆，让我们怀着敬畏的心去审视自己，以至诚的心去赢得人们的尊重和喜爱。做个高尚的女人，就要学会用心做事、真诚待人。

第六章

干得漂亮才能活得漂亮：女人的职场资本

数数你的职场"女人罪"

女人因为自身性格的原因，天生有一些难以轻易更改的小习惯。或者说是特点也被她们带到了职场之中，虽然许多并非女人们独有的专利，但是却被打上了性别的烙印，似乎成为女性化的原罪，比如局限于个人的社交圈，性格敏感，妒忌多疑，等等。

金无足赤，人无完人，谁身上能没点痒痒肉呢？不要害怕，先来测一下吧，看看你身上背负有哪种职场"女人罪"，有则改之，无则加勉。

1. 你喜欢漫画吗？

是的——2 不喜欢——3

2. 你觉得人生像一部——

欢喜剧——3　　悲情剧——4

3. 你平时的衣服颜色都很深吗？

是的——4 不是——5

4. 你与同事的关系怎么样？

还行——5 不怎么样——6

5. 说起月亮，你心中出现的是——

弯月——6 圆月——7

6. 你有对办公室里的某个异性魂牵梦绕吗？

是的——7 没有——8

7. 你常与同事因为工作而争执吗？

是的——8　经常——9

8. 你有在心里诅咒上司或是同事吗？

是的——9　没有——10

9. 老板在你心中的形象正面吗？

是的——11 不正面，应该属于坏蛋那一拨的——12

10. 你觉得自己在世外那个桃源里能待下去吗？

能——12　怕是不能——13

11. 业余时间，你大都待在家里吗？

是的——13 不是——14

12. 你觉得自己能划到时尚那一族吗？

是的——14 不能——15

13. 你觉得自己的好奇心还强吗？

是的——15 早已不强了——16

14. 同事业绩突出，你会觉得他能力比你强吗？

是的——A　他肯定用了小花招——C

15. 你发现老板和某个异性走得很近，你首先会想——

像发现新大陆一样给别人讲——F　那人怎么那样啊——B

16. 遇到需要仰视的心仪人儿时，你会——

想尽一切办法接近对方——E

悄悄地走开，默默地祝福对方——D

如果你的答案是A：你罪在有些小妒忌。

提醒：实际上每个人都有优势，也都有弱点，因忌妒而去中伤他人是愚蠢而幼稚的。以一颗平常心去看待成与败，得与失才有机会获得更多的朋友，成功是多元的，唯有驱除妒忌这个小恶魔，才能得到真正的内心满足。

如果你的答案是B：你罪在交往中有些小自负。

提醒：办公室这种地方是不能够太情绪化的，要时刻关注别人的情绪，成功必须借助素质和修养的力量，这是内在所必需的，其他人的不遗余力的鼎力相助，则体现在你的人格魅力方面，一个自负的人要想飞得太高丕真不容易。

如果你的答案是C：你罪在心里太多疑。

提醒：你总是主观上认为别人对你很不满，会在暗地里加害于你，然而刻意地在生活中寻找你自认为的证据，拜托，你把自己看得也太重要了吧？建议你翻看一下心理学方面的书，学会慢慢松弛，放松神经。

如果你的答案是D：你罪在有些太自卑。

提醒：千万不要在别人之前先把自己看得一无是处，要不断地提高对于自我的评价，看看自己的长处，有意地给自己以暗示，每天出门前对着镜子大声地告诉自己："我能行，我是最棒的！"慢慢会变得自信的。

如果你的答案是E：你罪在爱撒谎。

提醒：撒一次谎，就需要用十倍以上的谎去掩盖，况且不要把别人当傻子，看看身边的人，谁诚实可靠，谁满嘴放炮，大家心里门儿清着呢，失什么都别失信，沦为笑柄，被人孤立的滋味不好受的。

如果你的答案是F：你罪在太八卦。

提醒：女人八卦些能吸引许多朋友到身边，这是女人们相互交流的一种方式，如果是一个男人八卦，那可有点欠扁了，大家在一起相互交流一些感兴趣的人或事无可厚非，但要有个度，在职场之上，最好还是坚持沉默是金的法则。

闯职场，先看清自己的含金量

如今，"高管"头衔比比皆是，含金量的差异却是很大的。对于一个女人来说，首先要有良好的自我意识，"知道"自己实际能力，然后才能求得工作上良好的发展。

良好自我意识就是对自己、对"我"的认识。自我意识良好的核心，就是做到自知。自知就是通过自我观察、自我评价，来了解自己能力的真实水平，对各种行为都要"量力而行"。

职场女性可以通过和别人比较来培养自知力，但绝不应把这种比较作为衡量自己的唯一尺度。要扩大自己的生活领域，多多接触人和事，认真积累生活经验，从而体现现实中自己的品质与才能。还要正确看待对理想与现实之间的差距，应该随时调整，否则易产生挫折感或自卑心理，这是对心身健康不利的。

很多女员工在原来的公司带着"经理""主管"头衔，跳槽时，自然而然会有下一家公司给的职位不能低于以前的级别的想法。在跳槽后进入下一家公司的时候，当你发现现在的职位不如以前高，往往不愿"委曲求全"时，你要想到职业含金量，这是衡量工作价值的标准。不要觉得比你前一个岗位低的职位就有损你的自尊心。现在许多大公司和知名企业并不轻易承认那些"高管"头衔，他们关心的，是求职者的具体职责。

"你在以前的公司具体做哪些工作？取得什么样的成效？"这是企业在招聘的时候最关心的话题，他们绝不会异常关心："你在前一个公司的头衔是什么？"

猎头顾问曾指出：不同的工作领域，相同的工作性质，它的职业含金量也不同。许多小型企业的"经理""总监"所做的工作，所承担的职责，还比不上一个大型企业里的普通职员。"高管"头衔比比皆是，含金量的差异却是很大的。如果一个做财务管理的人，在一家大型工业企业，就算是一个普通职员，能够学到的东西也一定强于在一般零售业里的财务管理人员。

职场女性应把眼光放在企业的发展空间，能否给员工提供福利、培训等优良条件，这些，远比形式上的"头衔"更加实惠，而且能够为你以后的创业积累足够的职业含金量，从而使你的职业生涯又上一个台阶。

职场 PK，女人别输在弱点上

女人可能是世界上最芬芳、最妩媚、最有味道的尤物，是生活前沿上锦上添花的神来之作。随着时代的发展，女人越来越多地参与到了激烈的社会竞争中来，职场之上的她们早已不再只是点缀，而是一道靓丽骄人的风景。

然而在男性占主流的职场PK台上，女人如何与男人竞争，如何与女性赛跑，成为最后的大赢家呢？只有克服以下自己的弱点，才能突破自身发展的瓶颈，收获美丽和成功。

1. 要求太严格

要求自己是英雄，要求别人也达到她的水平。在工作上，要求自己与部属"更多、更快、更好"。结果，她的部属筋疲力尽，离职率节节升高。这种人从小就被灌输"你可以做得更好"，所以不停地工作，一停下来就觉得空虚。

对策："己所不欲，勿施于人"。同样的，"己之所欲，勿施于人"。要知道，人和人是不同的。作为主管，千万不能将自己的意志强加给下面的员工。

2. 一心击出全垒打

这种人过度自信、急于成功，一天到晚梦想击出全垒打。对工作缺乏切合实际的判断，过度的自信使她们成了长败将军。

对策：找出其心理根源，自己也要强制自己"不作为，不行动"。

3. 和平至上

这种人不惜一切代价，避免冲突。其实，不同意见与冲突，反而可以激发活力与创造力。回避冲突的人可能被部属或其他部门看扁。为了维持和平，她们压抑感情，结果严重缺乏面对并解决冲突的能力，这种无能还蔓延到她生活的各个方面。

对策："在狮群中，如果你是斑马，至少也要假装成一只狮子，才不会被吃掉。"

4. 迷失方向

她们觉得自己失去了生涯的方向，"我走的路到底对不对？"
她们这样怀疑。她们觉得自己的角色可有可无，没有归属感、害怕
挫折。

对策：应该重新找出自己的价值与关心的事情，因为这是一个
人生命的本质。

5. 永远觉得不够好

这种人患有"事业的恐高症"。虽然聪明，有历练，但一旦被
提拔，反而毫无自信，觉得自己不胜任。她没有往上爬的野心，觉
得自己的职位已经太高。这种自我破坏与自我限制的、无意识的行
为，往往会让企业付出较大的代价。

对策：扭转这种自我否定的负面意识，其实被提拔本身就已经说
明了这样一个问题：并不是你没有能力，而是你否认自己有这种能力。

6. 非黑即白看世界

她们眼中的世界非黑即白，相信一切事物都应该和配有标准答
案的考试一样。她们自觉地捍卫信念、坚持原则，但是这些原则可
能根本没那么重要。这种人僵化，很难与人相处。

对策：如果你是这样的性格，最好远离那些需要灵活应变的职
位，这样才能够适应自己的发展。

7. 恐惧当家

典型的悲观论者，杞人忧天。采取行动之前，会想象一切负面
的结果，感到焦虑不安。这种主管会遇事拖延。

对策：其实我们唯一害怕的，是害怕本身；这种人必须训练自己，控制心中的恐惧，让自己变得更有行动力。

8. 眼高手低

她们常说，"这些工作真无聊"，但是，她们内心的真正感觉是，"我做不好任何工作"。她们希望年纪轻轻就功成名就，但是又不喜欢学习、求助或征询意见，因为这样会被人以为她们"不胜任"，所以她们只好装懂。而且，她们要求完美而导致工作严重拖延。

对策：这种人必须自我检讨，并且学会失败，因为，失败是成功的伙伴。

9. 妒忌心强

女人常常会觉得自己被职场闺蜜抢走客户。过去你们像学生时代的女生一样，整天粘在一起。现在虽然在一个公司，但是几乎从不再说话。

对策：女人的天生敏感决定了女人的虚荣心和妒忌心，总是害怕被最亲近的人伤害，所以才处处提防，自己给自己压力。不妨视界放开点，心胸豁达些，不就是一个客户嘛！

心中有"知气"，职场不怯场

在竞争激烈的职场上，一纸文凭的有效期是多久？当你必须向别人出示你尘封已久的证书时，是否会怯场，感到没有底气？在学历飞速"贬值"的今天，找到工作就一劳永逸的体制已成为历史，如果你想单靠原有的文凭在职场立足，几乎不可能。

一项调查显示，30至40岁的职业女性中，近三成出现身心疲惫、烦躁失眠等亚健康状态。主要表现为：对前途以及"钱"途开始担心，担心会被社会淘汰；对自己所从事的工作开始产生一种依恋，不再像20来岁那样无所谓，同时又有一种危机感，甚至开始对老板察言观色；身体经常感到疲劳，休息也于事无补。在调查中，想转换职业或行业，寻求一个压力较小、相对安稳的工作是大多数被访者的心态，46%的被访者选择此项；再苦干几年，回家做全职太太也是选择人数较多的一项，有31%的被访者选择；只有23%的被访者表示会去充电。

在今天这个竞争激烈的职场生存环境中，很难"爱一行干一行"，我们所能做的就是"干一行爱一行"，尽量将谋生和理想达到和谐的统一，否则，眼高手低，会耽误了一生。

郭晶并不太喜欢自己的金融专业，但毕业时没有改行的机会，还是进了一家外资银行。"我觉得自己现在的工作没什么意思，幻想着有一天可以做记者、主持人或者律师，而不是整天面对着不属于自己的金钱。"

郭晶所在外资银行的环境很好，是很多人眼中高收入的理想职业。面对着很多硕士、博士都在竞争一个外资银行的职位，郭晶才感到自己有必要充电了。如果想在金融这个行业中继续做下去，充电是唯一可行的方法，否则的话就意味着会"贬值"。通过充电，郭晶对本行业也有了更深的了解，渐渐爱上了这一行，不再整天幻想而是踏踏实实工作，作出了出色的业绩。

在这个知识经济的年代，充电已经成为现实需要，尤其是在经济不景气的当下职场上，不管你是想待在原地，还是逆势向上攀登，或者另起炉灶玩跨界，充电已经演变为职业生涯不可或缺的安全垫。还等什么，行动吧！

另外，为了更顺利地适应自己的工作岗位，你越来越需要进行充电以便补充相应的能力。为了更好地实现自己的目标，下面的这些"秘籍"或许对你很有帮助。

（1）读一个培训班的花费从几百元到几千元不等，看你报的科目以及培训时间的长短。报名前先做好经济开支的计划。

（2）选办班口碑比较好的学校，以免进个名不符实的培训班，辛苦几个月收获不大。

（3）依据个人时间安排、个人在本领域的起点以及需要达到的水平，选择适合自己的培训班来读，切不要好高骛远，最后白白浪费金钱。

（4）不妨多拿些证书。能力再强，总需要证明，这时一纸证书往往会帮上你的忙。

（5）充电是业余时间，给繁忙的生活又加了码，要注意在学习之余好好休息，尽量不要选择离住处太远的学校，免得跑路太辛苦。要知道健康是一切之本。

职场丽人，晋升有道

女性在职场里的晋升非常艰难。在小公司还好些，但一旦进入一些中型企业或者大型企业，工作一段时间后，原来渴望晋升的念头，像被迎头泼了一盆冷水，那些公司里的前辈们，正努力排好队，等着晋升。也就是说，如果你自己也加入到他们排队的行列中去，那样即使你干个十年八载，也不一定有晋升的指望。

那么，职场中的女性要怎样做才能迅速得到晋升的机会呢？

1. 要具备升职的能力

如果你想升迁的话，现有的能力永远是不够的，假设你是一个普通职员，想升迁到主管位置上，那么，你现在的专业技能显然不够用，你需要具备相应的管理能力，以便管理下属；还需要熟悉相关部门的知识，以便跟他们合作，等等。如果这些能力还不具备，就应该尽快学习，"等爬上去再学习"的想法是不现实的，哪个上司愿意将某个职位交给一个暂时还不胜任的人呢？除非那些任人唯亲的人才会如此。

能力是一把梯子，决定你能爬多高。当然，能力并不是个简单的观念，主要有以下四个部分组成：

（1）知识：具备相关的、已经组织好的信息，而且能够运用自如。

（2）技巧：能将困难或复杂的技术简单化。

（3）信念：对自己完美的表现有信心。

（4）态度：表现出高水准的积极情绪倾向和意愿。

但是，并非所有的能力都有助于你事业的发展，也没有一种能力可以适用于各种职业。所以，寻求新的发展，就意味着所获取的新能力要服从事业发展的需要。

2. 要掌握职场晋升之道

在职场竞争中，女性很容易迷失自己，当她们发现晋升之路越来越渺茫时，往往就对自己失去了信心。但是，女性要在职场晋升，首先就要对自己自信。当然，职场里获得领导的赏识和信任是件不容易的事情。但是，不管你的经验如何，都不需要感觉沮丧，只要你下决心认真地做好工作，任何事情还是有转机的。

从某种程度上来说，年轻人的晋升是依靠公司前辈的让步和信任所获得的，而不是年轻人努力的结果。这就是为什么很多人很努力，却始终没有晋升机会的原因，为何会出现这种情况，简单点说，就是努力方向出了错。

职业女性如果能获得公司前辈的让步和信任，她的努力就会有结果，不管是素养、能力，还是升职、加薪等，都会得到快速的成长，到那时就能真正要风得风，要雨得雨，跟现在的你完全是天壤之别。

育后女性速入职场有绝招

作为职业女性的你刚刚生完孩子，身份自然又多了一重，面对的问题也更多了。你的精力的重心放在了家庭和小宝宝身上，虽然你依旧勤奋又能干，但在同事和上司的眼里，你已经被划归到只关注孩子和家庭的妈妈范畴。所以，你的当务之急是改变自己的形象，重新塑造自己优秀职业女性的形象。你需要把生理、心理和精神的状态都调整到最佳，以重新投入自己的岗位开始工作。

1. 让老板重新认识你

你的老板是否知道，虽然你已做了妈妈，却还是和生育前一样精力充沛，富有责任心和良好的工作状态呢？如果你不告诉他，他恐怕是不会那么想的。所以你要利用一切机会提醒他，如跟他沟通你的工作情况，你在办公室的时候一定要到他眼前晃一晃，让他看到你在努力工作。

2. 给自己创造一个绝对职业的工作环境

与客户见面拿名片的时候是否掉出来孩子的照片，胸前是否可以看到隐约的奶渍，文件夹的封皮是否被孩子的蜡笔划过，等等。这些事情都会让人觉得你不够职业。

所以，要想让上司和同事以及客户对你有好印象，一定要把工作和居家的感觉严格区分开。你可以在办公桌上放一张孩子的照片，但一定不要在包里留着他（她）的奶嘴。对孩子的教育也很重要，一定要让他们明确地知道：妈妈的办公用品是绝对不可以随便碰的。

3. 让你的话职业起来

在工作中，要注意你说话的方式方法，小心斟酌你的用词，使用那些可以强调你职业形象的话。让人觉得你不是"请假回家"，而是"在家工作"。不能说"不能参加下午的会了，因为要去给孩子开家长会"，要说"对不起，我下午已经约了客户"。

另外，你还得找周到的同事给你同样的支持。刚做妈妈的王玲是一家公司的客户主管，在她不得不照顾孩子的时候，她会交代秘书这样回答找她的人："王经理今天没有时间，她要见一位重要的客户。"王玲说："这么说也没错呀，难道我女儿算不上我的重要客户吗？"

职场"白骨精"，向心理危机宣战

"白骨精"是指拥有高学历、高收入、高职位的职业女性，她们大多是白领、骨干、精英，所以俗称"白骨精"。心理学家们发现，大家眼中的这些职场"白骨精"，已经开始出现越来越多的心理危机，其中最为典型的是"工作依赖症""强迫症"和"情感隔离"。

你是不是烦透了朝九晚五、一成不变的工作？如果是的话，世界最畅销女性杂志《COSMOPO LITAN》的国际版主编海伦·布朗女士的职业心得或许能够给你一些有益的启示。

1. 学会在苦差事中"潜水"

大多数年轻人最初择业时，应该经历一番辛苦烦琐、单调乏味的工作：为日理万机的老板跑跑腿、整理他（她）的通讯录什么的。对别人来说，这可能根本就谈不上是什么职业，但你必须把现在的工作当成你漫漫求索之旅的重要起点。我最初做秘书的时候，成天要把雇员的名字打到徽牌上，有创造性吗？一点也不。但我这个小小的文员一直坚持做到另一个机会来了为止——一个稍稍强点的工作。

2. 做个"YES"女孩

任何有助于老板的事，尽管有时感觉好像要你的命，也要坚决执行。恼人的人际琐事也不能例外。你不用管它是不是庸人才干的，只管去做！上帝有眼，知道你不是在为别人尽心尽力，而是为你自己。你想开创美好的未来，挣多多的钱，办法只有一个——拓展自身，比如帮帮办公室里其他女同事，即使是个对你颐指气使的悍妇也不能怠慢。出色的女孩自然会脱颖而出。只要有可能，一定不要错过了受表扬的机会。如果根本无人知晓，没必要大周末去加班。

3. 乐于接受并主动要求分外的工作，但要适度

在展销会上，你可能还不够格儿代表公司，但别让上司忽视任何你所乐于承担的工作。如果对如何更好地开展本部门工作有些创意，大胆说出来。但记住一点：完全有能力处理自己所要求的工作，或能够全力投入。

4. 准时露面

对任何雇员来说，准时准点或者早到是一个最重要的法则。

5. 只管做

你的工作还没取得什么实质性进展，要想引人注目又受人爱戴的话，有一个绝对可靠的办法——马上处理手头上的任何事情。你应该努力去做这样的雇员：绝对可靠，迅速高效地处理任何事情，不分大小。

6. 办公室里别诉苦

个人烦恼向一两个密友诉诉苦也就罢了，千万别去烦老板！情

况特别严重的时候，老板理当关心，但不要把他（她）当成你每天的诉苦对象。

7. 学会接受重创

世界上最成功的人士同时也是最脆弱的。娱乐界的超级明星们被评论家无情抨击，有受伤害的时候；总统在报纸上被诋毁中伤，有退缩的时候。如果你对任何事情都充满热情，那么你也会不止一次地受到无辜的伤害。但完全没必要为此忧心忡忡，你应该学会把受到的伤害转化成推动下一个目标的力量。

离职也要离得漂亮

为了以后事业的发展更加顺利，和原有单位的同事保持一种良好的关系就显得尤为重要。离职不是为了单纯地赌气，更不是为了报复，哪怕自己是因为人际关系的问题而离开。职场丽人一定要记住：离职，也要离得漂亮。

在离职的时候，有几种情况是需要特别加以注意的。

1. 要做到心平气和

当我们离开原先的单位而跳槽时，原因会有很多，比如对上司看不惯、人际关系不如意、事业的前景不好或是对薪水不满意，等等，但不论出于什么原因，不管你感到多委屈，你都没有必要为泄一时之愤，在走的时候与原先单位里的上司或是同事弄僵，这样做于你来说已是于事无补，并且对你的将来有害而无益。

离职时，要做到心平气和，做到和平时一样尊重老板和每个同事，礼貌地和每个人道别，以保持你一贯的好印象。

2. 完美交接，滴水不漏

当你决定离职时，不只是对自己有影响，还包括主管与同事，甚至也会对部门工作气氛有影响。因此，你必须给原公司足够的时间找到新人来接替你的工作。

当主管知道你的决定后，接下来便是和他讨论什么时候该让同事知道以及交接的细节。

离职者与接替的人在交接的期间都还有工作要处理，常常造成交接不完整。甚至有些人到了新公司，还要义务地协助处理旧公司的业务，形成很大的负担。最好的方式是，平日就做好业务知识管理。每项业务的程序与必要技能都用文字记录下来，储存在档案或电脑里，离职时才可以转移出去。这种做法不但有利于接替者，对你也有好处。

如果你想把专属于自己的档案带走，提辞呈前就该准备好。离职前夕才开始做，难逃瓜田李下之嫌。另外，任何与工作相关的资料带走前，要先确认知识产权的规范。

3. 维护原来老板的形象

不论是轻松愉快还是恩怨相加的离职，离开后维护旧东家形象的事情一定要做，特别是以下几点要多加注意：

（1）永远不要在现任老板或新同事面前说前任老板的坏话。

（2）公正客观地评价老东家。这样做不但有利于树立你自己的职业形象，更重要的是，可以维护老东家的声誉。这样，无论日后你个人的发展如何，老东家都会记得你的良好职业素养，当然有利于你和他们再打交道时建立良好的关系。

职业女性，痛并快乐着

职业女性一方面要承担家庭的责任，另一方面还要应付工作中存在的成见、骚扰和歧视，既要面临来自外界大环境的冲击，又有来自后起新秀的挑战，还有来自自身的危机。这一切的一切都让职业女性们感叹：尽管生活不是一团麻，但总有解不开的小疙瘩。其实，女人的世界是五彩缤纷的，职业女性完全有理由活得快乐一些、潇洒一些。

那么，职业女性如何才能保持快乐呢？

1. 寻找自己的快乐

快乐并不是可遇不可求的东西，它完全取决于你自己的意念。比如你手头有一堆亟待处理的公务，你可以想象成这是你最喜欢的事，压力减轻，情绪高涨自然效率倍增，怨声载道只能让事情向相反方向发展。所以，当遇到糟糕的事情时，不开心也于事无补，不如转换思路，尽量自己找快乐，为自己打气。

2. 永远不要和别人较劲

女性由于其本身所具有的特点，往往喜欢比较，纵向比、横向比。有时通过比较，可以看到自己不够完善的地方，增加自己的压力和动力。但是盲目的攀比是不可取的。仿佛别人的风光是她心头的痛，别人的得意之时就是她深感挫败之日，久而久之，就会心态失衡，以为自己无能、懦弱而丧失进一步奋斗的勇气和机会。其实，每个女性的条件、修养、经历、机遇各不相同，所以计较和妒忌只能让你心灵扭曲、烦恼丛生。

3. 要学会调节自身的心理、情绪的节奏

生活中烦恼无数，有的女人始终快乐，有的女人却总是愁眉苦脸。这种情形的根本原因在于她们是否会调节自己的心理和情绪的节奏。事实上，这种技巧是快乐潇洒的必要途径。自我调节的方法有很多：不如意时可以找一种迅速转换烦恼情绪的方式，或睡觉，或加入朋友聚会；忧伤时约个朋友去散散步、谈谈心；心理压力大时转移一下思绪，想一些令你愉快的往事；烦躁时可以投入到一项你最喜欢的娱乐或运动中，如跳舞、打球等。

4. 必须树立正确的生活信念和处世原则

大多数职业女性对生活有一种很完美的憧憬和向往。在她们的思维和眼光中，任何事物都是完美无缺的，但是生活不可能是十全十美的。所以树立一种正确的生活信念和处世原则，以扎实、乐观、豁达、平凡的心态迎接生活的每一天，是使自己活得快乐潇洒的必要条件。任何事只要你努力就可以了，不要苛求结果，要善于学会为自己的每一点努力成果而喝彩，让自己时刻有成就感，这样在你遇到挫折的时侯你才能从容不迫、冷静处理，而不是陷于惊慌失措和忧伤中。

5. 不要在意别人的目光

有些职业女性丢弃了自己的意愿，像是活在别人的标准里，在别人的评判里找寻自我的价值。如此女人，别人的一句诋毁足以毁灭她们所有的信心，因为她们太在意别人对自己的看法。在乎别人的看法只能扰乱自己的心境，活得沉重。只有我行我素，不为别人的目光违背自己的心意，尊重自己生活的行为方式，做你真正想做的事、想做的人，才会达到快乐潇洒的人生状态。

女人资本课：走出职场倦鸟的怪圈

　　每天早晨上班前照镜子，你的表情是微笑吗？不知从哪天开始，你是不是从星期一就盼着星期天？是不是恨不得撒个小谎不去上班，哪怕生病也好。在办公室，动辄懒洋洋地消极怠工，这份工作让你厌倦甚至沮丧，你无法控制内心暗长的倦怠感和消极情绪——你，已经成为职场"倦鸟"！

　　一旦职业倦怠如"流感"般蔓延，便一发不可收拾——"被传染者"会无心工作，没有了向心力的团队更如同一盘散沙。因此，职场女性如何应对并跳出职业倦怠泥沼至关重要。

　　一起来做个小测试吧！看看你是不是已成为了职场"倦鸟"？

　　（1）晚上很早上床睡觉，但很难入睡，即使睡着了也总是被噩梦惊醒。

　　（2）即使头天晚上睡得很好，第二天上班的时候仍然觉得很疲倦。

　　（3）从早上睁开眼睛就想着是否可以以生病为借口请假逃避

上班。

（4）总是一边工作一边看表，渴望下班时间的来临。

（5）认为星期一是"黑色"的。

（6）经常迟到。

（7）总是下班后仍然想着工作的事情，并且心情烦躁。

（8）经常头疼、感冒、腿脚酸软。

（9）面色苍白，无精打采。

（10）眼圈浮肿。

（11）觉得自己工作很努力，可是得到的却很少。

（12）认为自己的工作不重要，努力没有得到重视。

（13）喜欢一个人待着，不愿意与同事交流。

（14）在工作遇到问题时，你没有可以倾诉的对象。

（15）时常抱怨，对自己的某某同事没有好感。

（16）没有时间去做自己喜欢做的事情。

（17）在工作中感觉不到兴趣。

（18）常常觉得压力太大，有种透不过气来的感觉。

（19）靠服用药物、酗酒来麻痹自己。

（20）认为自己一无是处。

以上状况，从来没有发生的，得1分；很少发生的，得2分；有时发生的，得3分；经常，得4分；完全吻合，得5分。

答案揭晓：

分值在25~35分之间：表示处于蜜月期或涅槃期，倦怠度很低。

分值在36~60分之间的，表示处于激励期，倦怠度较低。

分值在61~90分之间，表示处于衰退期，倦怠度较高。

分值在91分以上，表示处于衰竭期，倦怠度非常高。

刚才的测试你的分数很高？现在你已经很确定自己已经成了职场"倦鸟"？别担心！想要摆脱职场"倦鸟"这个称号其实很简单！先看看以下四条小心得吧！

心得1：从多角度更客观地评价自己、欣赏自己，认识自己的工作价值，多问自己这份工作对我来说有那么重要吗？我非得这么忙不可吗？你或许会发现，忙碌只是一种习惯。不如给自己放个短假，张弛有度的生活能让人重整旗鼓，再度投入工作。

心得2：做好时间管理，让工作更有条理，养成列举工作日程表的习惯，然后考虑哪些条目可以完全放弃，哪些可以委托他人或与他人合作完成，尽量使工作时间缩短，工作效率提高，成就感增强。

心得3：注入资源，增强实力。对内增加个人的专业技术资源、可以通过补充知识来实现；对外增加来自社会和家庭的支持资源，比如建立同相关资源之间的人际关系脉络，获得工作上的信息；与自己的朋友、同事和家人经常保持联络，培养感情，以得到他们的关心和鼓励。

心得4：时常进行心理自测，摸清职业倦怠状况，如果你对现在的工作完全没了兴趣，就要重新慎重选择一个感兴趣的工作。

第七章

女人有家才是嫁：女人的情场资本

修炼自己，完美恋爱

爱情是一场修行。女人要想赢得自己梦寐以求的美满爱情，首先要修炼好自己。

有的女人视爱情如生命，将他是当作自己的全部和唯一，他的喜怒哀乐甚至一个喷嚏都牵动自己的心。两个人吵架，先低头的也是自己。正因为这样往往就会纵容他，让他更加骄傲和蛮横，以为自己铁定不会离开他。太多的男人要比女人更富有创造力，他们往往不满足于拥有一次选择的机会，尤其是对自己死心塌地的女人他更不懂珍惜。因此，女人应该做个睿智的女人，减掉纵容，增加从容，如此才能在爱情中进退自如，得也坦然，失也淡然。

如果一个男人开始怠慢你，请你离开他。不懂得疼惜你的男人不要为之不舍，更不必继续付出你的柔情和爱情。任何时候，不要为一个负心的男人伤心，女子更要懂得，伤心，最终伤的是自己的心。如果那个男人是无情的，你更是伤不到他的心，所以，收拾悲伤，好好生活。永远不要无休止地围着你喜欢的那个男人转，尽管你喜欢得他快要掏心掏肺的死掉了，也还是要学着给他空间，否则，你要小心缠得太紧勒死了他。

当一个男人对你说："分手吧！"请不要哭泣和流泪，应该笑着说："等你说这话很久了！"然后转身走掉。知道自己要什么，包括你爱的男人。认真对待你的工作。工作也许不如爱情来得让你心跳，但至少能保证你有饭吃，有房子住，而不确定的爱情给不了这些，所以，认真努力地工作。

在找不到满意的他之前，那么就先学会欣赏自己这道唯一的风景。在爱情里，要时刻学会做个睿智的女子，学会从容面对爱情也就学会了面对生活。积极面对生活，生活定会如你所愿，如同明早，太阳依旧会如时升起。幸福不是靠命运，是靠自己去积极争取的。

大多数女人得到的信息是男人一般比较喜欢温柔娴静的女人，事实上，对付男人要懂得分寸。其实这并不难，不要一味顺从，学会生气，学会吃醋，学会撒娇。恋爱之道，一张一弛，这样才能赢得完美健康的爱情。

恋爱女孩的 20 条军规

恋爱中的女孩，面如桃花，双眸如镜。明眼人一看就知道她恋爱了，红扑扑的双颊，荡漾着笑容，明亮的大眼睛，一眨一眨，似乎都在微笑。脚步如飞，身轻如燕，飘曳的白色纱裙，走过留下一片白云。

恋爱中的女孩是幸福的，乖巧的，有着公主般的生活。爱情使她在一夜之间长大了许多，她的自私、她的傲慢、她的以我为中心被逐渐削弱，她逐渐真正明白了什么是思念，什么是牵挂，什么是宽容。

下面的这20条恋爱"军规"，用以劝告所有恋爱中的女孩子。或许听起来或许不顺耳，但却很真实，当你们真正理解它们，你们就懂得如何去爱一个人了。

（1）不要经常去试探男人，更不要以分手做为威胁，当你经常给他这种心理暗示，他的潜意识就会做好分手的打算。

（2）不要因为男人爱你就无限制的扩张自己的权利，不要干涉他的理想、信仰和追求，不要自以为你比男人看得更远，他一定有些特质是你所不了解的。

（3）不要经常迟到，不要以为男人爱你他就应该有无限的耐心，一个人的耐心是有限度的，耐心消磨完了，就该消磨爱。

（4）不要信奉这句话"你爱我，你就应该知道我想什么"，这完全是一句鬼话，没有人会完全知道对方想什么。由于男人没有及时了解到你的想法，而得出男人不爱你的结论是非常愚蠢的。

（5）不要经常叫男人陪你逛街，没有几个男人真正的喜欢逛街，强迫的最终结局就是反抗。

（6）男人在热恋时为女孩子做的事情，不要指望他在以后的生活中一直持续下去，聪明的女孩子通常都会打五折。

（7）不要因为他是你最亲近的人，就可以向他倾诉一切，你的不幸、痛苦、委屈和牢骚都给他，将他做一个出气口，男人不是废品收购站，当他确认他无法改变你的时候，他就只有逃离。

（8）不要去试图改变男人，不要想着他会在你的调教下成为你理想中优秀的男人，去适应他比要改变他来的明智。

（9）不要对自己的魅力过分自信，没有几个男人会永久的承受出尔反尔，没有几个男人可以招之即来挥之即去，除非，这个男人爱你别有动机。

（10）不要抓住男人的一次错误不放，并在每次争吵时喋喋不休的引用，没有任何一个男人喜欢这样的女人。

（11）不要用这样的思路来指导你们的爱情，在男人的言行中寻找他不爱你的证据。男人不能每时每刻将精力放在女人身上，他不可能注意到女人的每次暗示和不快。当你用放大镜来寻找灰尘的时候，总会找得到，这样做，只是在指导男人，告诉他如何不爱你。

（12）男人在思考的时候，尽量不要打扰他，他有时也需要独处的快乐，那并不证明他不爱你。

（13）男人和你再亲密，也不要随便伤害他的自尊，不论是在别人面前还是独处，伤害就是伤害，不论他是否爱你。

（14）不要为男人过去的感情吃醋，也不要强迫男人告诉你，你比他以前任何一个女友都好，事实就是事实，如果他违心地说你好，他反而会记住另一个事实。

（15）不要把自己的男人和别的男人比较，不要说他不如别人浪漫、不如别人体贴，每一个人都是特殊的，爱的方式也不同，经常这样说会使爱成为一种心理负担。

（16）永远在男人面前保持一点神秘感，不要将自己的一切都百分之百的袒露给男人。一个人吃得太饱是会厌恨食物的，而不会感激。

（17）不要指望用性来获得男人，这是捕获男人最不牢靠的方式，因为爱情与肉体无关。

（18）爱情是一个磁场，而不是一个绳子，捆着他，不如吸引他。一个绳子会让男人有挣脱的欲望，而一个磁场却能给男人自由的假象，和一个永恒的诱惑。

（19）不要指望一个男人无条件、像个奴隶一样的爱上你（那样的男人也不值得去爱）。你要在爱情中充当一个至高无上的女皇，最终你会发现，你将跌得很惨。

（20）请衡量一下，如果你们的爱情是你享受了更多的权利，而对方要尽更多的义务，那你就要试着改变，爱情也适合经济学的规律，形成互赢的局面才会持久。

恋爱中的女人都很傻，傻的那样单纯，那样可爱，傻的让人精心呵护，不忍磕绊，祝愿天下正在恋爱的女孩儿一路幸福！

包容是恋爱的必修课

有这样一个有趣的故事。

一天，一个大学的统计学教授为学生们讲授统计课，说当人们发现一个人或一件事有A或B的可能性时，概率比同时有A和B的可能性要大。他举例说："我们来做一个实验，题目是什么样的男子最完美。来看看在多少男子里可以发现一个这样的人。"

课堂气氛立刻活跃起来，所有的女生都很兴奋，有人首先叫着："他必须有钱"。说完，她们分析道："大约30个男人里面有一人符合这个条件。"

"好，"教授说着，在黑板下写下了1/30。

有位长相一般的女生说："他要英俊"。对此，女生们认为可能性为1/20。教授笑着又在黑板上写下了1/20。

接着，女生们先后提出了幽默、性感、浪漫、成功、健康5个条件，经过仔细琢磨，确定了与之对应的数字分别是1/20、1/40、1/30、1/30、1/2。

教室里的男生有些不以为然，后排有人开始低声嘀咕。这时，又有女生笑着提出："忠诚。"她的话音一落，所有女生齐声笑了。她们经过一阵切磋，认定对应的数字为1/30。有位男生忍不住说道："她们疯了，把男人贬得这么低，却不知道自己是怎么回事。"

教授不为所动，忠实地记录下各项数字，黑板上出现了这样一个算式：

$1/30 \times 1/20 \times 1/20 \times 1/40 \times 1/30 \times 1/30 \times 1/2 \times 1/30 = 1/864000000$

看着算式，教授笑微微地对所有女生说："找这样一个男人，比中彩票还难啊！"教室里很安静，他接着说："重要的是，当你们有幸遇见这样一个男人时，他愿意找你的可能性是多大呢？"

顿时，教室里响起一片哄笑声。

世界上并不存在完美的男人，真正的爱情，是既能欣赏对方的优点，又能容忍对方的缺点，从红颜爱到白发，从花开爱到花残，相守相依不离不弃。

如果你找到一个聪明的男人，就抱怨他长相不好，找到个长相好的，又抱怨他没有文化，找到个有文化的，又抱怨他没有钱，找到个有钱的，又抱怨他不够体贴，找到个体贴你的，又抱怨他没有情调，找到个有情调的，又抱怨他太花心……那么，当你找了一个既聪明，长相又好，又有文化，又有钱又体贴又有情调还不花心的男人，那会怎么样？你会累倒的，因为无数个女人会跟你抢他。

在很多童话故事里，美丽的公主或者灰姑娘和王子相恋，两人突破万难走到一起，"从此过上了幸福的生活"。这样的爱情历来受到女性们追捧，她们渴望自己的爱情也是这般美好和惊心动魄，她们希望自己的男人也是像童话里的王子一样骑着白马，给自己带来一生的幸福。

如果女人寄予对方过多的期盼和奢望，只在想象中去恋爱，那么这样的爱情不会持久，也不会真实。当你以100分的标准去要求男人时，发现男人大多数都是有着这样那样的瑕疵，那么你就会大大失望，抱怨连连，变成一个怨妇。

婚姻不是爱情的坟墓

人们常说"婚姻是爱情的坟墓"，意思是说进入婚姻后的男女，爱情最终会死亡。婚姻果真是爱情终结的"杀手"么？非也。爱情的产生与消失有其复杂的原因，并非是婚姻扼杀了爱情；而是爱情以婚姻的方式走入现实的生活。

对爱情的理解，虽然人各不同，但爱情是一种激情，是普遍公认的事实。男女结婚，成为夫妻，同吃同住、同床共枕、两情相悦、恩爱缠绵。俗话说"一日夫妻百日恩"，事实上许多夫妻结婚时间越久，夫妻感情越浓。那么，为什么仍然有许多人认为"婚姻是爱情的坟墓"呢？持这些观点的人，其实是忽视了一个爱情哲理：爱情之花需要经常喷水、施肥，不然，它会逐渐枯萎，直至死亡。如何给爱情时常喷水、施肥呢？简言之：爱、关心、呵护、帮助。

1. 家庭和睦的先决条件是夫妻恩爱

在家庭中，有不少关系类别，如夫妻关系、父子关系，等等。每一种关系都很重要，但是各类关系的主轴是夫妻关系。有人认为妻子可以再嫁，丈夫可以再娶，但他们的父母却不能再换，所以为了孝顺而舍弃夫妻之情。可到头来，也许最后还是苦了自己的父母。有人为了子女的将来，不惜夫妻两地分居，最后导致家庭破裂。其实，夫妻关系是任何亲情关系都不可取代的。

2. 家庭无可取代

分析目前很多家庭不幸福的主要原因，是夫妻双方认识不到家庭的重要性。不少人认为工作比家庭重要，结果夫妻感情日渐枯竭；不少人认为客户比子女重要，结果亲子关系横逆日生；不少人认为赚钱比婚姻重要，结果家庭关系濒于破裂。而那些深谙家庭重要性的人，则想方设法都要安排出更多的时间给家里人，他可能因此而失掉不少赚钱的机会，但得到的是全家人的欢乐相聚。

3. 培养良好的情绪

培养良好的情绪，目的不是不许家人发脾气、闹情绪，而是要让每个人学会在何时哭、何时笑、如何哭、如何笑。拥有幸福家庭的人通常活得很轻松，可是却不放肆。谁都可以发泄情绪，却不能沦为"情绪化"，因为极端的"情绪化"很容易对他人进行人身攻击。如果家庭中出现了矛盾，大家可以坐下来讨论，不妨让一个人先讲3分钟，然后另一个人再讲。若是其中一方情绪正处于激动状态，应待稍微冷静后再读，以免在"火头"上彼此恶语相加。

4. 避免过分纠缠"对、错"问题

其实，每个人因成长背景不同，所形成的价值观、消费观也不同，在此不必过分纠缠谁对、谁错，要学会适当地协调、让步。

婚姻是爱情的归宿，是爱情之舟靠岸的港湾，而婚姻给予爱情之花有更多的条件来喷水、施肥，使爱情之花能够长久保持旺盛的生命力，如唐诗吟咏的那样："在天愿作比翼鸟，在地愿为连理枝。天长地久有时尽，此情绵绵无绝期。"

女人一撒娇，男人就没招

撒娇是女人的天性，女人不一定要漂亮，但一定要会撒娇，因为撒娇是女人的武器，学会撒娇，也是一门艺术。

在恋爱中撒娇能取得恋人的愉悦，婚后撒娇同样能使你老公产生爱恋之情。娇媚的妻子在丈夫面前撒一番娇，给他一个深深的吻，顿时可激起爱之涟漪、情之浪花。撒娇是妻子对丈夫千恩百爱的释放，丈夫会在此时领略到被爱的自我价值而获得高度的心理满足。

撒娇是一门艺术，其实就是古之兵法上"以柔克刚"的艺术。恰当运用"柔"，任何坚强的东西都会为之融化。巧妙地运用"撒娇"，就可以使得夫妻之间关系融洽。

巧用撒娇的艺术，确实能消除夫妻相处中的误会。因此，做妻子的，当你的丈夫大发脾气时，你不妨试试这招"撒娇绝技"；当你的丈夫心情闷郁时，你不妨用用这女人的"独门暗器"，这对增进你们夫妻之间的感情，肯定会大有效用。

孙倩和老公约好下班出去吃饭，已经到时间了，可孙倩由于工作没完还不能出去。心想：老公一定会生气，他很珍惜时间的。忙完工作，到了约定好的饭店一看，老公果然阴沉着脸，气呼呼地坐在那里。孙倩在老公的视线里缓慢地走了过去，说："都是这双讨厌的凉鞋，早不崴脚，晚不崴脚，偏偏赶上这时候，唉，我疼点无所谓，可是却耽误了你的时间，真让我过意不去。"说完还一脸疼痛和自责的表情，老公心疼地说："你该让我去接你嘛，快让我看看脚。"

女人要想在男人面前永葆魅力，就一定要学会用娇嗔之语，说得他心花怒放，说得他心服口服，他自然就会对你言听计从，爱恋有加。会撒娇的女人可以使春风化雨，会撒娇的女人可以化腐朽为神奇。

大多数女人在婚后，就逐渐会被柴米油盐的琐碎生活磨掉爱的激情，也逐渐丧失了撒娇的心情或者能力。变成了唠叨的妇人，这样难免让男人厌倦。只有做一个称职的"娇妻"，你才会发现婚姻生活的真谛。

女人还要明白：撒娇不是做作，不是不纯装纯、不嫩装嫩，撒娇要自然，不要适得其反；撒娇不是撒野，太过就变成了撒泼撒野，如果你总是把蛮横霸道当成撒娇，哪怕你是百年不遇的绝代佳人，估计也没人会买你的账。

会撒娇的女人一定懂得打扮自己，懂得不断学习不断提升自己的素养，让自己越来越秀外慧中。会撒娇的女人才是女人中的极品。因此，女人要学会撒娇。

保鲜四招，让爱情鲜活如初

食品有保质期，爱情却从来没有保质期，所以需要双方不断地注入新鲜的血液。

古人云：入芝兰之室，久而不闻其香。比如面对一盘美味佳肴，初次品尝时你会有很强的欲望，当你第二次，第三次，第四次……再见到类似的美味时，你也许就没有了食欲，甚至会厌恶。再好的东西，时间久了也会失去新鲜感。

爱情其实就像这一盘美味，你每天面对它，一如既往没有变化，你就会觉得枯燥无味，生活就是要不断地调节，不断地变化，这样才能够精彩。

如何令浪漫的爱情之花长久保鲜呢？这可不像给玫瑰花瓶里放两片阿司匹林那么简单。那么，就让我们掀开这层透明的保鲜纸，去看看"开门"的"芝麻花招"吧！

第1招：让自己永远新鲜

作为一个女人，当然渴望自己所爱的男人就像热恋时对待自己一样的，只要你用心就不难发现，如果你换了新发型，买了件新衣服，化了淡妆……男人会在他一进家门时就发现到你的变化，他会像欣赏一件艺术品一样从头到脚打量着你，然后笑眯眯地说：这个发型很时尚，这件衣服很漂亮，这个妆是为我化的吧！

适当的变化一下自己的造型，给男人的眼球更多的视觉效果。一个简单的变化在男人看来却是很重要的，那样他会认为你在用心经营着你们的爱情。

总之你要尽可能地让自己新鲜。天生丽质的女人真的不多，更何况那些得到异性青睐的女子未必花容月貌，个人特色与魅力才是令他倾心的关键。如果镜中的你看起来有点糟，要赶快调整形貌，以饱满的自信去迎接爱情！

第2招：给爱情好好放个假

谁都知道，人都有疲劳的时候，在疲劳的状态下，爱情就会变得平淡，我们不能因为一时的平淡就放弃爱情，生活就是平平淡淡才是真，何不让爱情好好放个假呢？周末带上孩子一起去郊游，享受大自然的气息，赏赏花，拍拍照，那会留下很多美好的记忆，天伦之乐会让他忘记所有的疲惫，爱情更胜新婚。

第3招：给他来点小惊喜

小惊喜是平凡生活的调味剂点缀品，只要肯花一点心思在你关心牵挂在乎的那个人身上，你会发现当对方接受到惊喜的那一刹那，其实你也同样感到无限的快乐。生活因为有了惊喜而变得更加精彩美好。

一般来说，男人最乐意接受的惊喜方式有：

（1）在他生日的时候，你送了他盼望已久的那套Honma的球杆。

（2）下班回家，等待他的除了老婆还有一桌丰盛的晚餐。

（3）假期之前，你先于他订好了游行的线路及到手的往返机票，而他只需出席即可。

（4）他出差归来，你嘴上答应不去接他，但他走出机场的时候，一眼就看到了你漂漂亮亮地站在人群中，于是幸福感油然而生。

第4招：第一时间保持联系

失去联系，不能及时沟通，会让对方产生陌生，而短信、电话、网络的及时到达，逼过虚拟能感受情人在身边的感觉。

如果给对方打电话或发短信得不到回应，你肯定由甜美变得焦急甚至愤怒了，但是这时你应该安心做你的事，要理解他不回你电话，必定有他的不方便。如果对方给你打电话或发短信，无论再不方便，只要电话在身边，至少给她个短信别让他着急。

还可以玩点小花样，在他醒来时为他发一条幽默短信，想必会让他一整天沉迷甜蜜中。比如，"你是多愁善感的乌鸦；你是活蹦乱跳的青蛙；你是出淤泥而不染的地瓜；你是我心中火红火红的大虾；我想轻轻的问候你……看我短信的小傻瓜：今天快乐吗？"

调情，为婚姻烹制可口的甜点

调情，其实就是制造情趣，却向来是中国人感到难以启齿的字眼，内敛含蓄的个性使我们都爱把热情埋藏在心底，只有"举案齐眉""相敬如宾"才被尊为夫妻相处的典范。

中国人，特别是中国女人，忽视调情久矣，难怪鲁迅先生要慨叹，中国女人有母性没有妻性。一旦情感稳定进入婚姻，就会成为任劳任怨的家庭主妇，丝毫不懂得调情，任凭激情在单调岁月中消磨殆尽。

婚姻是一段极为漫长的岁月，从执子之手算起，一般要共同走过三十年甚至更久的时光，悠悠岁月里，真正做到相看两不厌的恐怕是少之又少。聪明的女人，应该做婚姻里的千面女郎，时刻注入新鲜感，偶尔展露出一点儿不同的风情，保管会让丈夫欣喜若狂，仿佛自己淘到了一个难得的宝贝一般。

在西方社会里，"调情的艺术"是女孩子们的必修课，其重要性远远超过经济学和企业管理。

据说，像温莎公爵夫人、杰奎琳·肯尼迪等西方名媛在幼年时，她们的母亲就开始教授、训练她们如何优雅地与上流社会的男人调情，这样的训练也帮助她们在成年后，成功俘获了世界上最引人注目的"钻石王老五"。

科学家通过研究发现，女人具有一种男性缺乏的"社交基因"，她们敏感细腻，能够迅速理解他人行为的含义，并据此作出相应的反应，女人性格中天生便具备善于调情的素质。

最让人回味的一个有关调情的故事是这样的：聪明的女人穿着性感的衣服，躺在床上等待晚归的丈夫，当满心疲惫的男人走进家门的时候，在客厅的餐桌上看到一张纸条：亲爱的，饭在锅里，我在床上。这实在是一幅令人遐想的场景，半掩的卧室门也许还泄出几缕温暖的灯光，多少的疲惫都能一扫而空，胸中涌动的是无限温柔的旖旎情思。

和男人调情时肢体语言不可少。明明在他怀里，却一边撒娇一边要他抱抱你，明明耳鬓厮磨，却咬着他的耳垂轻声细语告诉他：我是你的唯一。这样的"小动作"对于刺激情爱的作用非同小可。

比肢体语言更让男人着迷的是女人温言软语的情话，所谓精神调情。

为什么热恋时女人的一个温柔眼神都会让男人回味无穷？当你与一个异性产生一见钟情的感觉，其实就是精神调情的结果，而且这种调情比肉体上的调情产生的磁场大无数倍。精神调情的首要一点是欣赏。

调情的言语从肯定开始，谁都喜欢甜言蜜语，真诚的赞美尤其动听。如果实在拙于言语，就让肢体语言流露心中的情意吧！

体谅多多，幸福多多

在婚姻的日常生活中，难免有磕磕绊绊，时有这样那样的事情发生，有许许多多无可奈何、身不由己的事情，就好比一碗满满的水一样，稍不留神就会溢出来。对于那些性格暴躁的女人，很容易就生闷气、不分青红皂白地指责男人，从而使自己更加抑郁，使婚姻关系变得紧张。所以对于一个女人来说，学会体谅就显得更加重要。

体谅是一种最有效的心理良药，能使人摆脱不良心境的疑惑。女人在与男人相处的过程中，更要特别注意使体谅。做一个善解人意的好伴侣，用体谅赢取自己的幸福。

（1）在他的朋友面前，要给他十足的地位。面子对男子来说比什么都重要，不要介意在人前当个小女人，要知道小女人都是男人宠出来的。

（2）他在打游戏的时候，不论你有多急的事情，也不要直接去关他的电脑。最好是搂着他，在他耳边轻轻的细语。因为男人对游戏的执迷胜过你看一部精彩的肥皂剧。

（3）男人每个月也有那几天，跟女人差不多，心情无故低落。这个时候不要问他怎么了，只要陪在他身边。做好你自己。

（4）他和朋友出去喝酒、打牌，你不要问他为什么不带你一块前往。男人都愿意做风筝，只要线还在你手里，那么就放他去飞吧。

（5）男人都很懒很笨，尽管他爱你，但是不想费尽心思讨好你，你所能做的就是在适当的时候给他个明示。男人有时候需要女人给他强有力的当头一棒。

（6）男人不管他外表有多强大，但是骨子里都还是一个孩子。他在任性的时候不要对他大吼大叫，这对他不起作用。最有效的办法是陪他一起疯。等他平静后轻轻地告诉他你很爱他。

（7）男人都是不肯认错的，在他知道错的时候给他一个台阶下。他会知恩图报的。

体谅一个男人，那就是把他当成你的爱人、情人、哥哥、朋友、父亲、孩子。爱他，不要给他负担，给他自由，给自己自由。做女人要知道什么时候该进什么时候该退。什么时候该挡在他的前面；什么时候该躲在他身后。把他当成你自己一样去爱护，成全了他的幸福，他才会成全你的幸福。

当好贤内助，为男人分忧解难

男人成家后，家庭责任和社会责任两个负担在身，活得非常沉重，他们被女人和社会的眼光逼迫着，哪怕只是一朵含苞待放的花骨朵，也决不能没有开花的迹象，他们使劲地硬撑着，做妻子的骄傲，做孩子眼里的英雄，他们要让自己像正午的太阳一样发光，燃烧自己照亮别人。即使苦了、累了也要硬撑着，有时候有苦说不出，只能往肚子里吞。难怪乎那首《男人哭吧哭吧不是罪》的歌会引起那么多人的共鸣。

其实，男人是一种表里不一的动物。当男人嘴里说着"没问题"的时候，他的腿说不定正在发抖；当男人说他挺得住的时候，也许他已经撑到了极限，轻轻一碰便会折断。身心疲惫的男人，回到家里，最需要的不是身体的按摩，而是心灵的抚慰。

男人拖着社会责任、家庭责任、生命责任等一大堆重负，在最陡、最险、最高的山坡上吃力地爬行，但很多女人从男人身上看到的只是风光，只是辉煌，只是穿着西装的风度，却没看到他们背后的无奈和艰辛，她们没有给予男人理解和关怀，却只有冰冷的抱怨和严厉的指责。

男人在外打拼了一天，好不容易回到家，全身瘫在沙发上时，聪明的女人应该知道这时候的男人是最放松、最需要休息的，因为家是他最安全最温馨的避风港和休息站，他不用再绷紧神经戴着面具，应付各种各样的人，这时的男人就像是正在充电，需要把消耗的能量补充回来，因此，聪明女人就是要尽量让他舒服自在，这才是最到位的关怀，也是牢牢抓住男人心的最佳时机。

但是很多女人不但不能体会男人的疲惫，还要强迫男人专心扮演一个好听众，她们心里想的就是自己，自己已经憋闷了一天，所以要找人吐吐闷到臭掉的酸水。然后她们就开始喋喋不休地抱怨，"你看人家男人天天陪老婆孩子逛街散步，而你却老是看不见人影"，"你看人家的生活过得多滋润，开的都是豪华轿车，再看看我们，我跟你真是倒了八辈子霉了"……连一点鸡毛蒜皮的琐事，也都要和已经累得快死掉的男人计较，男人让她们不要再说了，她们却充耳不闻，也从不关心别人的气色是否不好，非要自己一吐不快才罢休。这样的女人不但毫不通情达理，而且没有任何气质风度，很容易失去男人的爱情。

做妻子的，不能没完没了地要求和苛责男人，要懂得为男人分担适当的责任，要当好贤内助，为男人分忧解难。责任和生活的重担不仅仅是男人的事，女人也要伸出自己的肩头，扛一扛，担一担，重担自己会减轻，麻烦定然更容易解决。逢山开路，遇水架桥，等到过了桥，上了山，常会有一片新的天地。

七年之痒，挠痒有术

谈到婚姻，有一个词也许我们再熟悉不过，那就是所谓"七年之痒"，指的是婚姻到了第七年前后，就容易出现这样或那样的问题，甚至濒临危机边缘。

婚姻不是简单地进一家出一家，两个人居家过日子，不仅要靠激情，更要靠温情与支巧。同样是恋爱、结婚，为什么有的人过得有声有色，有的人却劳燕分飞，这其中的原因，真的很需要女人们认真思考。"七年之痒"只是一个托词，遭遇"七年之痒"的关键在于人都有厌倦心理，在同一个环境中待得久了，难免会觉得很烦、很没劲，难免会生出一些别的想法。

第七个年头也许是婚姻的一个"坎"，但却可以用智慧去填平它。

1．学会包容

七年之痒也许是难于避免的婚姻阶段，但不意味着我们只能被动接受，面对婚姻可能的痒，我们要有所警惕，更要有所行动，那就是夫妻间的包容。这也许算是老调重弹，但这也许是解决婚姻之痒的核心法宝，彼此有一颗包容的心是婚姻的基本保障，也是做夫妻必须具备的基本素养，否则夫妻就只能永远纠缠在数不尽的摩擦冲突与矛盾中，而这种摩擦冲突和矛盾一旦发展到不能调和的程度，就可能趋于冲关爆破瓦解。所以，夫妻间的彼此包容是最最重要最最核心的东西。

2. 加强沟通

这看起来似乎仍然是老生常谈，但大家都懂的道理却不见得会去认真思考，没有思考当然不会有行动。

夫妻沟通重要，但为什么要沟通？沟通可能带来哪些可能的好处？如何去沟通？这些东西你想过吗？你有没为此作出些努力和尝试，因为很多东西唯有在尝试中才能找到好的方法，不可能总有人手把手教，而且各人有各有不同的情况，也并没有统一的法则，即使有，那也只是一种原则性的东西，必须在实践中摸索，而如果你连尝试都不做，一切肯定是空谈，也就永远是理论上的东西，你就永远只是懂得道理而不能从中受益。

3. 适时创新

婚姻当然是要归于平淡的，这一点我们也许无法改变，因为这是一种客观的心理存在，但并不是说对此我们就毫无作为。平淡只是从总体上来看的，在细水长流的平淡中，我们完全可以开动脑筋创造出一个又一个新的兴趣点或者说激情点。

既要接受婚姻的平淡，同时又要不拘泥和屈服于这种平淡，这样我们就会想方设法去创造新的东西，比如找到夫妻间新的共同兴趣，比如适时地制造夫妻间新的浪漫。靠着这种一个个的新的激情点，我们就能越过一个又一个平淡过头的危险期，婚姻也就永远不会打瞌睡或睡死过去。

4. 注意细节

为什么要将细节单独提出来说？因为细节问题是最容易被人忽视的问题，殊不知，细节有时决定成败。对婚姻女性清楚的认识，对原则性的大的方面也做得很好，可就是因为不注意一些细节而导致婚姻问题仍然不断，甚至可能对婚姻是致命的伤害，而你却可能浑然不知，事后却后悔莫及。

恋爱可以短暂美丽，如电光一闪，婚姻却必须切实平淡，似细水长流，而婚姻之美也正在于此，所谓"七年之痒"只不过平淡的附生物而已，我们要做的当然不应是恐惧或胡乱夸大其词，"七年之痒"并非是不可逾越的障碍，只是在提醒人们要用心经营自己的婚姻，因为婚姻是学问，需要不断的学习。

女人资本课：家庭和睦六秘诀

美国两位婚姻和家庭顾问最近通过问卷调查，发现25个州的3 000个家庭在问卷中都提及了保持家庭和睦、婚姻美满的六个秘诀。它们是：

1. 自我克制

任何和睦家庭中最关键的因素与其说是时间、精力和感情的投入，不如说是自我克制精神。每个家庭成员都要努力使自己的家庭成员富裕和幸福，并且悉心将家庭维持下去。

2. 共度时光

当1 500名儿童被问及"你们认为怎样创造一个幸福的家庭"时，他们不列举金钱、汽车或好房子，他们的回答是："在一起做些事。"

和睦家庭的成员都同意这个观点，喜欢花很多时间在一起工作和娱乐。"做什么并不重要，"他们认为，"关键是要在一起共度美好的时光。"

3. 互相欣赏

渴望被人欣赏是人类最基本的心理需求之一，有的夫妇正是用互相欣赏的做法改变了他们的生活。"我们在婚姻上过早地陷入了一种困境。"这位妻子认为，"部分的原因是由于我们目睹了不少夫妇常互相刻薄地挖苦对方，特别是还当着别人的面。我们也不知不觉地染上了这种恶习，不知不觉地伤害了夫妻感情。现在我们使自己多看自己已有的东西，而少看我们还缺什么。"

4. 真诚交流

心理学家认为，良好的交流有助于创造一种亲密感，维护家庭的稳定。良好的交流需要花时间和反复实践才能实现。

5. 注重修养

注重自身的修养也是维持家庭和睦的重要因素。它能使我们得到别人的爱和同情心。和睦家庭的重点是在日常生活中注意塑造自己丰富的精神世界。

6. 战胜危机

和睦的家庭并非没有遇到难题，但他们有能力去迎接生活中必然会出现的挑战。

第八章

金钱独立，女人才独立：女人的金钱资本

从上到下，你的身价有多少

女人，你是否问过自己，从上到下，你的"身价"有多少吗？

女人为什么要计算自己的身价呢？因为只有清楚自己的身价，你才能知道自己在家庭中的地位，你才能掌握家庭生活的主动权，你才能在事业与生活之间找到平衡点。

如果我失业，我可以撑多久？

如果我感情失败，我可以不赚钱"任性"多久？

我可以用多少钱培养自己的兴趣？

如果我在一段感情中，扮演经济支出的主要角色，我可以养这段感情多久？

如果我想放下一切，到异国重新开始，我会有多少生活费？

我可以不靠孩子的爸爸，独力抚养孩子到几岁？

如果我生病了，我可以请人照顾自己到多久？

我可以留下什么给我最亲爱的人？

我的年度计划是什么？

想算出自己有多少财富身价，最简单的计算方法就是，找出属于自己的动产与不动产有多少。你可以问自己以下的问题：

我的存款有多少？

我的可用现金有多少？

我的收入（包括月薪、节假日奖金及业绩奖金等）有多少？

我的工作可以持续到多久？

我拥有多少有价证券（包括股票、基金、保单等）？

我所拥有的房地产现值多少？

我所拥有的车子现值多少？

我拥有的有价物品（珠宝、收藏品；请勿将购买时昂贵、但现值为零的名牌商品计算进来）现值多少？

我目前已经在做哪些理财规划？而这些计划以后每年可以为我赚取多少收入？

但是，你一定还要问自己：

我的信用卡负债有多少？

我的房贷有多少？

我其他的欠债还有多少？

总资产－总负债＝你目前的身价

希望你看到自己答案的感觉，是一种欢天喜地的快感，而不是冷汗直流的紧张。

有趣的是，女性朋友很少去思考这样的问题，而且通常都是在夫妻关系紧张或男女朋友分手、清点双方的剩余财产时，才开始发现自己的身价有多少！

如果你随时都会检视你的身价，同时亲手画一张理财的蓝图，每隔一段时间你就问问自己："我的计划实现了多少？"那么你不但可以善用理财创造幸福，而且会有更多的本钱来打造自己的黄金人生。

谁能给你安全感？经济独立

有句话说得好：靠山山要倒，靠人人会跑。只有靠自己，那才是最真实、最实在的。特别是对于女人。经济基础决定上层建筑，一个女人如果经济上依附于男人，那么她在精神上就很难实现独立。

虽然不能绝对地说，没有收入的女人在家中没有地位，但是我们能确定的是，很多没有收入的女人在家中的确是没有地位。

韩梅婚后一年有了儿子，但是婆婆和妈妈身体都不好，无法帮她带孩子，她只好放弃工作在家做了专职太太。没有了工作，带孩子的工作却没见轻松，最要命的是丈夫的态度很恶劣，看到家里有一点做得不好，就说："真不知道你天天在家做什么了，地板那么脏也不知道拖。"他不知道带孩子有多累，一晚上起来数次，如果韩梅说一句带孩子辛苦，他就会说："那你白天不会等孩子睡了，你再睡，再说谁家的孩子不是这么带大的，就你觉得辛苦？"

好不容易熬到孩子四岁上了幼儿园，韩梅想重返工作岗位，却又因儿子总生病而放弃了。一次儿子病了，韩梅在家忙前忙后地折腾了好几天，儿子的病才见好转。因为好几天没有好好休息，有天早上李静多睡了一会，韩梅老公拉着脸说："都几点了，还不起床做早饭，难道还得让我给你做了早饭再去上班吗？"

连买件小饰品都要跟男人要钱的女人，怎么可能活得精彩呢？

家庭里早就没了男女平等，小则小吵小闹，大则婚外情，甚至最后到离婚。

只有在经济上独立了，想买衣服和化妆品的时候，女人才可以自信地掏自己的腰包，不用在支配金钱的时候小心翼翼地去争取对方的意见，也不用在给他买礼物的时候向他要钱。只有花自己劳动换来的钱，才能理直气壮，才能心安理得。

一个女人，只有经济上独立了，才会在生活中获得心理上的安宁。才有资格谈人生、讲人格、讲尊严，才有真正做到精神上的独立。

任何一个女人，也只有在金钱和财务上做到独立，才能称其真正地做到了独立。

告别经济依赖，女人要活得有尊严

钱的好处，已经不用多说了。尤其是对于女人来说，钱的魅力更是大，有钱的女人与没钱的女人相比，其间的差别就更加扩大化。很多女人在婚后就开始围着老公孩子转，不知道钱对自己的意义在哪里，于是，慢慢地，这些女人就麻木了，从一个主动使用金钱的女人，变成一个苦苦地哀求金钱的怨妇。在这个过程中，贫穷女人与富裕女人之间的差别让人不得不感叹。

当然，我们并不是说有钱就一定万能，尊严是一种由内而发的情愫，而这种由内而发的情愫，如果没有足够的地基，就肯定难以显现在我们脸上了。如果没有钱，可能很多女人在看见富人或者名贵的金银珠宝时，都会不自觉地低下头；如果没有钱，可能很多女人在长期伸手向丈夫要钱时，都会有一些不好意思；如果没有钱，可能女人一旦遭遇婚姻变异，便会一无所有，只剩清泪……也许，钱并不一定能给我们带来尊严，但是，钱一定可以让我们藏在心底的尊严敢于爬上脸庞，骄傲地展现给世人看，钱一定能够让我们活得更有尊严。

"我富有过，我穷过，因此我知道，有钱比较好过！"

这是美国一家投资银行及证券管理公司董事长朱蒂·瑞斯尼克用她的一生证明的一句后。这位女董事长的命运有着我们无法想象的坎坷：从富有的千金到落魄的离婚女人；从亲情围绕到所有亲人一个个残酷地离去；从健康美丽到两次身患癌症，人老珠黄；从生活阳光到整日酗酒嗑药。人生的大起大落、大喜大悲，就这样残酷地发生在这个有两个女儿的母亲身上。在她40岁的时候，她已经没有了青春，更痛苦的是，命运在这个时候，让她失去了丈夫。没有了家庭，也没有了退路，"再找个长期饭票"和"自己站起来"这两个声音中，她选择了后者，从证券公司的临时业务员开始她新的生活。在这个清一色都是男业务员的证券行业，她以独到的眼光与重视小客户的热诚，为自己开创了一条生路。从此，她的事业越做越大，10年时间，她成了一家著名投资银行的董事长。在种种经历过后，她深深明白了一个道理：钱虽不能买来一切，但却可以买来尊严和自由。

我们不能用钱来定义这个女人的一生，但是，我们可以从她的经历中看到钱的意义。钱让她有了面对困难时生活下去的动力，让她的人生达到了一个新的高度，让她在失去所有之后又追回了一切。这是一个好命的女人？不，我们只能说她是一个用自己的经历鉴定了钱的意义的女人。在她用金钱为自己买来尊严和自由的时候，我们很多人却因为钱而被人鄙视，心底总是被戳出一块块难言的伤疤。

钱对一个女人来说，意味着很多。告别依赖，创造财富吧，钱可以让你更体面、更有尊严地生活。

现在，发现女人的理财优势

有人说，男人决定一个家庭的生活水准，女人则决定这个家庭的生活品质。我们平时经常可以看到，两个收入水平和负担都差不多的家庭，生活品质有时却相差很大，这在很大程度上就跟女主人的投资理财能力有关系。

在理财工具多样化的今天，一位称职的母亲和妻子，其善于持家的基本内涵已不是节衣缩食，而是懂得支出有序、积累有度，在不断提高生活品质的基础上保证资产稳定增值，这就需要女人们掌握一些必要的投资理财技巧。

女性朋友们掌握理财技巧，对家庭的收入作出合理的规划，不仅仅是因为女性朋友们需要有自己掌握经济的能力，更是因为相比男性，女性朋友们在理财上有一些特殊的优势。"男人赚钱，女人理财"，是现代社会家庭财产支配的最佳组合。

首先，女性理财多为全职太太，她们有时间；即使不是全职太太，能够经常理财的女性其工作也相对比丈夫要轻松些。而理财其实并不需要占用多少时间，关键是会牵涉一些精力，需要时常关注一下行情，比如说，投资房产就需要经常了解哪个楼盘涨了，哪个区域又推了新盘等信息。而这些信息，如果不是专门理财的男性，很少有耐心成天研究，尤其是当他们工作压力大的时候，更不愿意去关心这些琐碎的信息。但女人就不一样了，女人的耐心本来相对就好一些，一旦理财，她们就更会热衷于搜集这些信息。

温女士就是一个典型的会理财的家庭主妇。温女士为了让孩子读到更好的学校，买了一套名校附近的二手房，时价每平方米只有两千多元。此后房价不断上涨，特别是名校旁的房子。虽说是1983年的老房子，现在每平方米却已增值到五千元以上。而且，心细的温女士在经历了理财的磨炼之后，慢慢发现现在买房子也要渠道，不是所有的人都可以买得到自己想要的房子，特别是一手房。自认为没有什么关系的她就把眼光锁定在了二手房上，有的是年初买了，年底就卖掉，并不在手上放太久，只要有赚就好。

后来，温女士又分别在她所在城市的三个区先后买了几套二手房，都是买没多久，就卖掉了。现在手上还有一套单身公寓出租，每个月租金一千二百元左右，用来还按揭。温女士的不动产投资效果越来越明显。

像这些烦琐的房子信息，就需要不少的精力和不凡的耐心来慢慢搜集，很多男人就做不到这一点了，这正是女人的理财优势。

其次，女人细心，更适合理财。与男人在事业上的大刀阔斧相比，女人的心会更细。她们清楚地记着哪天该收房租了，哪个合同到期了；记着哪天该存定期了，哪天存款到期了；记着哪天该发行国债了等信息。女人较男人心细还表现在对合同的研究、对风险的规避上，她们往往不求赚大钱，只求稳健收益。这一点，是女性理财的一个最明显的优势，很多男士即使通过后天的培养都难以具备这种优势。

再次，理财需要借鉴经验，吸取教训，而女人天生爱交流、爱打探，所以，她们总能得到最敏感、最有用的理财信息。哪里新开了一家超市，哪里的店面租金最高，哪些人做哪些投资赚钱了，做哪样投资亏本了，她们了如指掌。

所以说，家庭主妇理财的优势还是很明显的，想要理财的女性朋友们可不要将上天赋予我们的优势给荒废了，这些优势可以带给我们宝贵的财富呢！

出得了厅堂，入得了厨房

不管你是白领还是一般的家庭主妇，一个不会理财的女人，都常会面临各式各样的经济危机而造成很多生活上的种种不快，过了今日也不知明日的"天气"是阴还是晴。所以，才会有越来越多的白领女性成了"月光族"，也才会有越来越多的离婚悲剧。

很多女人悲剧的产生是因不善于理财及人生投资，只是一味地往外掏，却掏不对重点．不懂如何将现有的资源合理利用。

即使男人很有钱，你也要善于利用金钱来为自己投资美丽，成功的男人往往希望陪在身边的是个出得了厅堂、入得了厨房的伴侣，她不仅在工作中、人际交往中能够独当一面，而且在家务上也能够做得面面俱到，烧饭炒菜都很拿手，日常开支打理得顺顺当当，里里外外都是一把好手。虽然男人说：我养着你，但你的素养、文化以及你对外在的包装，都将是他非常在乎的部分。

所以，聪明的主妇．你必须从现在就开始学会理财，学会人生投资，学会花钱攒钱．投资前估算一下以下几个量：

首先是总资金，我们要估量我们的收入。依现有的收入或你现有的资本为自己拟出一个计划；得出多少资源自己可用，还可节约多少，超出多少。做出每月的计划表。这是你的总资金。记得不要给自己负债，也尽量不要成为"月光族"。

其次是基本费用，把日常用品定在一定的份额。除掉生活费用，给出一小部分超资费用。计划赶不上变化，再者每个时段可能会有不少的聚会等，把这笔费用预算在一个范围内。这是最基本的理财。

接下来就是个人的人生投资，在自己身上投资。

在自己身上理财投资的时候要记住：女人，不管现状如何，都要时刻注重自己的素养，平时多看些人生哲理、美容、化妆等书籍，如果可以，还可进修或进培训班，提高自己的生活修养、生活品位，给自己烦闷、枯燥的生活增些色彩，找些激情。这是女人生活辅助的投资需要。

女人，不管是穿衣品位还是生活修养或是理财能力等都得不断地提高，这是慢慢积累起来的属于你自身的财富，谁也拿不去，谁也抢不走。

女人有钱，从点滴开始

希望有钱的女人很多很多，可是，真正有钱的女人却很少很少。没钱的女人总是羡慕有钱的女人，不知道她们用什么诀窍赚到了那么多的财富。有些女人通过为自己找长期饭票的方法来让自己变得"有钱"，殊不知，这种方法只是一时的有钱，那些钱，并非真正属于你自己。所以，我们还是佩服那些能够依靠自己的能力，在奋斗中、在点滴的积累中让自己变得有钱的女人。

一句话：想要有钱，一定要从点滴开始。想变成有钱人，需要走用"点滴"铺起来的道路。

从点滴开始，对刚刚开始规划自己财富之路的女人们来说，主要包括两个方面：从点滴开始省钱，从点滴开始赚钱。

想要变得有钱，先从省钱开始！你千万不要小看平时所花的点滴碎钱，积攒起来会令你大吃一惊！那么，究竟该如何来省钱呢，有三方面值得你考虑。

1. 物尽其用勿过期

食品要及时吃，物品要适时用，过了保质期及使用年限就是浪费。因此，对于家中所有物品要经常拿出来看一看，即使暂时用不上，也要知其是否损坏，以确保下次使用时的安全可靠。对贵重物品，如空调、冰箱、电脑、摩托车等，保养好了，能延长使用寿命，无形当中就节省了开支。

2. 关爱健康少药费

现在很流行的一句问候语就是"祝您健康"。的确，不管有多富，疾病生不起。因此，保持健康的身体，必须注重食品卫生，防止病从口入，加强锻炼，爱惜身体这个"本钱"，以达到少花医药费的目的。

3. 躲避风险保平安

平安是福也是财，人之一生平平安安是最重要的。因此，当你面对一桩可挣大钱的差使，但却又隐藏着不安全的风险时，劝你别抢着往里挤。在人多拥挤的地方购物时，不要只顾着贪便宜，小心买进假冒伪劣商品，要看管好自己的钱包。

4. 日常生活中要省钱

此外，已经有了家庭的女性朋友更需要注意在日常生活中来省钱，这样，一年365天下来，省下的可不是一丁点。你每天都需要购物吧？怎么购物省钱？简单！看看你周围的大超市几点关门，提前半小时到就可以了。大超市都尽可能不卖隔夜的食品，每到下班前一个小时左右，就会开始打折。此外，超市买东西还要注意，最好购买超市的自有品牌。尤其是一些日用品，超市自有品牌与广告上常见的品牌差别不大，但是价格却只是名牌的一半左右。

可能已经习惯了大手大脚花钱的你会有些瞧不起这些省钱的方法，但是，你可别忘了，这些点滴的小事，会慢慢汇集成大海的力量，让你缩短变成富人的时间。你需要明白，你拥有财富，但是却没有浪费的权利。

最后，要想变得有钱，还要学会从点滴处赚钱。

很多人都只知道靠自己的工作赚钱，却不知道抓住点点滴滴的机会来赚钱。

我们来看个故事：一个人用100元买了50双拖鞋，拿到地摊上每双卖3元，一共得到了150元。另一个人很穷，每个月领取100元生活补贴，全部用来买大米和油盐。同样是100元，前一个100元通过经营增值了，成为资本。后一个100元在价值上没有任何改变，只不过是一笔生活费用。贫穷者的可悲就在于，他的钱很难变成资本，更没有资本意识和经营资本的经验与技巧，所以，贫穷者就只能一直穷下去。

如果你不想自己一直贫穷下去，不希望自己一直省吃俭用却还是处于没钱的状态，就不要错过任何可以赚钱的机会，克服自己的惰性，让自己"积点滴成大海"，成为真正有钱的女人！

女人理财要根据年龄量身定做

女性在理财上不要盲从，首先要辨认好身处在哪个人生阶段，有哪些相应的需求，然后要明确风险底线。要知道每种投资都是有风险的，而自己能够承受的底线是多少？

投资之前，详细了解自己现在的经济状况，包括收入水平、支出的可控制范围，以及你希望在短期（1～2年）、中期（3～5年）或者长期（5年以上）为看到的情况，根据可以判断的条件，定好一个目标。而且一旦目标定好了，就不要轻易进行更改。

当年龄在25～30岁之间的时候，资历尚浅，收入不多，精力充沛。应考虑到自身的年龄特点，将收入中的一部分存入银行，有余钱还可以投资一点信誉较好、收益稳定的优质基金，年终奖投保一些保费较低的纯保障型寿险或住院医疗、重大疾病等健康医疗保险将是不错的选择。

进入职场才数个年头，除了累积职场经验与社会认同外，更重要的是趁未有家累前，累积投资理财的本钱，否则两手空空，连眼前生活都成问题，何谈投资理财？待手边有了一笔闲钱，便可以开始进行投资，由于年轻人有承担高风险的本钱，适度投资高风险、高收益的产品，能快速累积金钱。

当年龄在30～50岁之间的时候，收入增多，压力也开始变大，身体状况开始走下坡路。应该从健康医疗、子女教育、退休养老等三方面为自己做理财规划，如：可以参加银行的教育储蓄、购买医疗保险。如果参加炒股、买卖外汇等风险性投资，建议资金不宜超过家庭收入的三分之一；购买保险的保险额度为家庭年收入7～10倍的时候是比较合适的。

在成就与财务逐渐累积至一定水平后，接下来可就要精打细算了，不仅要让现在的日子过得更好，也要让老年生活更有保障与尊严。这个阶段女性最大的开销多以置产、购车为主，已婚女性更要准备子女的教育基金，以免日后被庞大的教育费用压得喘不过气。

当年龄在50～60岁之间的时候，有了数十年的积累，已有了一定的经济和理财基础。此时不妨从事一些房产方面的投资。因为房产投资往往需要较高的投入，收益期长而稳定，这也和老年时期的生活经济需要是相吻合的。

过了50岁，孩子大了，经济状况也稳定了，这时该检视夫妻俩退休后金钱是否无虑？想过怎样的生活？尤其往后接踵而来的医疗费用支出，的确是一笔不小的开销。目前除强调保本，也应增加稳定且具有固定收益的投资。

当年龄在60岁以后：为保障老年生活，可以自主立业或从事一些社会工作，继续发挥余热，也以事业爱好为良药，帮助安度心理空巢期，同时享受年轻时合理的理财带来的成果。

总之，女性理财应以自身特点为中心，以生活工作需要为出发点，有的放矢地制定独特的生涯理财计划，争取生活、理财上的双丰收。从现在开始，学会理财，做个聪明的女人、独立的女人、幸福的女人。

书中自有黄金屋，无事翻翻经济书

女性朋友们，想靠投资赚钱吗？那就先学学最基本的经济学方面的知识吧。

假设你的积蓄有700万元，这时，你最想做什么呢？"有这些钱的话先去买一套房子，还有多余的钱就投资一点股票，好好孝敬一下父母，然后再把钱存到银行里。"估计像这样想的人有很多很多。

如果你也是这样想的，接下来要考虑的是，应该在哪里买房子？买多大面积的房子？买什么样的房子？万一买房子要贷款的话，银行利息是多少？制订什么样的还款计划？万一几年之间银行利息上涨的话，又该怎么解决？

当然了，天上没有掉馅饼的好事，就算是偶然遇到了，不知该怎么花的人也有很多。也许你会为了赚更多的钱，反而让手上的钱飞走了。事实上，大部分中了彩票的人在过了不久后，又重新回到穷光蛋的生活。

所以，不要抱怨你现在贫穷或不够有钱的状态，你目前的状态是有理由的，理由也许在别处，但更在你自己身上。闲下来没事做的时候，为什么要抱着电视看到眼睛发酸，都不肯拿起经济学的书品读一下？逛街逛到脚磨起泡的时候，为什么都不愿意看一看书里介绍的投资大师的技巧？看电视，消耗掉的是你有限的青春，而看书，却能够让你学到赚取财富的办法。

一位女性朋友曾经对理财和投资一窍不通，但是她有个很好的习惯，就是读书。她曾经把《富爸爸穷爸爸》等投资理财的书看了很多遍，当她觉得自己明白了经济与投资的常识之后，就拿出自己的储蓄开始尝试按照书中的方式进行投资。结果她发现，自己通过之前的阅读对投资已经培养出了一定的敏感度，并且知道如何规避风险，几年下来，她的财产翻了一番。现在，她除了坚持投资以外，还在努力阅读更多好的财经读物，让自己不断提高。

相反，如果没有足够的经济学知识，没有很好的理财规划，即使你一时有钱了，过不了多久，还是会恢复原状。

在投资理财时，如果没有最基本的经济学方面的知识所铺垫，女人如何进行？恐怕就只能随大流了，可是你要知道，随大流永远赚不到大钱，但却很有可能赔大钱。

"书中自有黄金屋"，女人平时要多看看经济和理财方面的书籍，以了解当前的经济形势和动态，掌握基本的理财知识和技巧。这样，女人在进行理财投资时，可以按照自己的主见作出决定，即使亏了，也是一种经验的累积，而不是一种后悔。所以，当你还沉浸在韩剧、日剧中不能自拔时，当你在家里无聊得只想睡觉时，不妨在家里贴一张纸提醒一下自己，该看看经济学方面的书了，看书就是挣钱！何乐而不为？

看透金钱本质，不做"拜金女"

"拜金女"不是一个被社会所认可的群体。拜金女们盲目崇拜金钱，把金钱价值看作最高价值，一切价值都要服从于金钱，她们把亲情、友情、爱情等都放在金钱脚下；她们认为金钱不仅万能，而且是衡量一切行为准则的标准。正是由于拜金女们太过强调金钱的重要性，以至于她们变得唯利是图，对许多事物经常只看到表面，看不到其内涵、精神层面，往往过得极为空虚。

我们都不希望我们所爱的人是拜金的人。因为在拜金的人心里，能够为了钱而舍弃其他一切。这种人太可怕！等到这种人最有钱的时候，也就成了她最贫穷的时候，因为她穷得只剩下金钱了。

在2008亚洲小姐竞选总决赛中，原籍中国西安的1号佳丽姚佳雯获全场最高的137 610票，摘下桂冠及"最完美体态大奖"。姚佳雯是全场学历最高的硕士佳丽，赛前并不瞩目，但当晚成为夺冠黑马。在最后与颜子菲两强决战阶段，她被发问嘉宾踢爆此前曾两度参与选美。2004年参选"中华小姐环球大赛"时，她因在"金钱与老公""金钱与父母""金钱与国家"三道选择题中，除以父母为首选外，其他两项都毫不犹豫选择金钱，而被网友视为"拜金佳丽"并炮轰。当晚嘉宾向她尖锐提问：参加选美目的何在，是否为钓金龟婿？她真情剖白："2004年我参加选美被人骂，以为我是为钱。我如今再战江湖，其实因为我想做个主持，想打这份工！"这个回答令她票数飙升。

从这个例子中就不难看出，我们都不喜欢拜金的人，一个女人即使长得再美，如果拜金，就会让人感觉她缺少了作为人最基本的一些情感，让人感觉她似乎与我们不是同类了。

金钱并不是万能的，有首《买到与买不到之歌》就很好地诠释了这一点："金钱能买到房屋，但买不到家；金钱能买到药，但买不到健康；金钱能买到美食，但买不到食欲；金钱能买到床，但买不到睡眠……"一些腰缠万贯的富翁们不就常感叹自己是精神上的乞丐即"穷得只剩下钱了"吗？所以，我们要树立正确的金钱观。

人生有两种幸福，即"生活的幸福"和"生命的幸福"，能够获得这两种幸福的人应是最幸福的人。生活的幸福追求衣食住行、功名富贵；生命的幸福追求平安喜乐、真爱温暖和永恒的归宿。如果满脑子都是拜金的想法，即使最终你的生活之路变得富有，你的生命之路却会贫穷。那么即使满屋子都是高档奢侈品，你却只剩下空虚做伴、寂寞为枕。

我们要看到金钱与人生有着密切关系，更应该看到金钱不是人生的全部内容，不是人生价值的决定因素。我们生活的目标并不是单单为了赚钱，同时也是为了更加享受幸福和生活得更加充实。

所以，我们不做拜金女。我们要做的，是把拥有财富当做一种爱好，而不应完全拜倒在它的脚下。做金钱的主人，才能享受金钱给我们带来的快乐。

女人资本课：聪明女人理财全攻略

月月领薪水的女人面对的消费陷阱很多，有具备一定的理财意识，掌握必要的理财技巧，女人才能很好地规划自己的金钱，打理家庭的财富，实现财务自由，赢得幸福美满的生活。女士可以选择下面这几种理财方略。

1. 多种投资

女人对于需要冒险精神、判断力和财经知识的投资方案总是有点敬而远之——认为它太麻烦。但是当她们简单地将钱存入银行而不去考虑投资回报和通货膨胀的问题，或太过投机而使自己的财产处于极大的损失危险之中时，她们却忽略了这些将给她们带来更大的麻烦。

2. 培养商业新闻的熟悉度

每天固定花费5～10分钟翻阅商业新闻头条或收看财经节目等，一方面培养对财经新闻的熟悉度，另一方面亦可与你的投资行情保持亲近。

3. 每星期固定与朋友谈论有关投资理财事宜

每星期固定与比你更了解财经知识的朋友谈论有关投资理财的话题，目的是学习相关财经知识并减轻你对投资的恐惧感。女性经常羞于询问他人，因为她们害怕别人认为自己所问的问题太过简单或没意义，一定要消除这种想法。

4. 开拓财路

对于精力充沛又少有家事拖累的年轻人来说，利用业余时间做兼职不仅可以锻炼自己的能力，还可以增加收入，一举两得。此外，你还要培养和提高与工作相关的技能，增强谋生的能力。

5. 马上行动

不要等到五六十岁时，才开始计划为退休而储蓄。对投资而言，越早开始行动，对投资人越有利。

6. 专注工作，投资自我

虽然善于操盘投资理财，不失为女人致富的一种途径，但让你获得财富并获得成就感的还应该是你的工作。毕竟，通过努力工作获得丰厚的报酬和个人成长，是一条最踏实稳健的投资理财之路。

第九章

宠爱自己，呵护幸福：女人的身体资本

女人爱自己，老公才宠你

好好看一下你身边的成功者，你就会发现，很少有人不爱自己的工作；再看看身边的幸福女人，她们通常很会关爱自己。发现了吗？当一个人喜欢自己，并按照自己理想的方向去努力时，别人也很难拒绝她的幸福魅力。而那些不懂得爱自己，终日为他人而活的女人，往往精疲力竭而无任何回报。

女人要知道，如果这个世界不曾有"我"，那么亦不会有"我的家人""我的丈夫""我的孩子"，更不会有一切与"我"相关的事物。在这个"暂时有，却本来空的"世界中，"我"是这个世界存现的前提条件。一个不能爱自己的人，永远处于牺牲奉献角色的人，又怎么可能去要求别人的爱呢？

美玲在上大学时，认识了比她高两个年级的同系男生，他们很快就进入了热恋。大学毕业时，美玲按计划准备考研究生，她的男友却说："咱们结婚吧，我非常需要你。"美玲认为，既然结婚就要做个好妻子，读研究生一定没有时间照顾丈夫。人们常说，爱就是奉献，美玲对此深信不疑。于是，她决定放弃自己的理想，和丈夫一起建筑起他们爱情的港湾。

毕业后，美玲当了一名教师，丈夫在工作了一段时间后准备考研。在丈夫准备考试的时候，美玲发现自己怀孕了。妊娠反应挺厉害，经常是东西吃进去不久就又都吐出来。可是丈夫正在忙着考试，不仅无暇照顾她，还需要她来照顾他。经常是美玲一边吐，一边做饭。但是想想丈夫将要实现自己的梦想，她暗暗地咽下了所有的痛苦，她想等他考上研究生就好了。后来丈夫如愿以偿，孩子也生了下来。

这时的美玲就更忙了，既要工作，又要照顾孩子，还要照顾她读研的丈夫，非常紧张。接送孩子、买菜、做饭、洗衣、收拾房间，美玲几乎承包了所有的家务，但当她看到漂亮的孩子，看到刻苦读研究生的丈夫，她是欣慰的，她感到幸福无比。

为了照顾好家，美玲几乎放弃了自己的一切爱好。她已经没有时间去商场为自己选购一件称心的服装，没有了和朋友们高歌一曲的兴致，甚至连自己爱看的电视连续剧也不能从头看到尾。但是她从不抱怨，她觉得自己的付出是值得的，因为她的家庭有了她的付出而更加和谐幸福。

美玲原本以为丈夫毕业后，他们就会迎来第二个蜜月，他会对自己的奉献给予回报。可事实是他们的关系却大不如从前了。丈夫毕业后，去了一家合资企业。他的工作很忙，经常是深夜才回到家，一脸的疲惫。让美玲更加生气的是，丈夫竟然懒得与她说话了。有时，美玲忍无可忍地对他说，咱们也该聊聊了。可他说，这么长时间的夫妻了，还有什么好说的。有时，他还会说，说点儿别的行不行，整天不是东家长就是西家短的，真没意思，就知道自己眼皮底下的那点儿小事，层次太低，整个一个家庭妇女，没劲。

终于，丈夫向她摊牌说自己爱上了别人，美玲的心在颤抖，她问："我有什么对不起你的地方吗？"

他说："你没有对不起我的地方，可是现在和你在一起，我一点儿感觉都没有。你整天都是那些婆婆妈妈的事，一点儿也不像过去那样有理想、有激情。"

这就是事实，残酷，但也让人警醒。一个女人绝不能仅仅是帮助男人去建设他的世界，然后就把他的世界当成自己的世界。男人越是发展事业，越会增加爱情上的砝码和吸引力，在家庭中的分量也越重，抛弃糟糠之妻的可能性也就越大。

所以，女人不管任何时候，都不要因为"奉献"到底，而忘记修炼和提升自己。这不是自私，而是一种智慧，是爱自己的表现。

女人，你的健康是多少分

健康是女人永恒的主题，比金子还珍贵，因为健康很难再生，一旦失去，再先进的高科技都无法使受损的机体恢复到原来的状态，就像一张白纸，揉过之后怎么也不可能恢复到原先的平整一样。

健康是生命的源泉，是事业成功的先决条件，更是女性幸福快乐的基础。有了健康，女性才能充满活力，精神抖擞，端庄稳重，处事乐观，机智敏捷，落落大方，才能充分参与丰富的劳动生活和社会生活，充分展示和塑造女性的智慧和美。

健康的种类有很多，主要有身体健康，精神健康和心理健康三类。其中，身体健康是"1"，其他因素都是"0"，人生的各个要素：金钱、地位、财富、事业都是"0"，只有身体健康才是"1"。

拥有健康就有希望，就拥有未来；失去健康，就失去了一切。

根据世界卫生组织的规定，人类的健康标准如下：

（1）有足够的精力，能从容不迫地应付日常生活以及工作压力，而不感到过分的紧张。

（2）处事乐观，态度积极，乐于承担责任，事无巨细不挑剔。

（3）善于休息，睡眠良好。

（4）应变能力强，能适应外界环境的各种变化。

（5）能抵抗一般性感冒和传染病。

（6）体重适当，身体匀称；站立时，头、肩、臀位置协调。

（7）眼睛明亮，反应敏捷，眼睑不易发炎。

（8）牙齿清洁，无空洞，无痛感，齿龈颜色正常，无出血症状。

（9）头发光泽，无头屑。

（10）肌肉、皮肤有弹性。

在这些标准中，前四条包含了精神，后六条包含了身体。

现代生活中，无论是生产、生活还是审美，都要求现代女性结实精干，既有富有区别于男子的曲线美，不失女性的妩媚，又足以担起社会责任。也就是说，现代女性是以"健美匀称"为标准的。

所以，对于女性，除了要符合上述一般人应具备的健康标准之外，还应该具备以下标准，才符合现代的健康标准：

（1）骨骼发育正常，身体各部分均匀相称。

（2）肤色红润晶莹，充满阳光般的健康色彩与光泽，肌肤有弹性、体态丰满而不肥胖臃肿。

（3）眼睛大而有神，五官端正并与脸形配合协调。

（4）双肩对称、浑圆，微显瘦削，无缩脖或垂肩之感。

（5）脊柱背视成直线，侧视有正常的体形曲线，肩胛骨无翼状隆起和上翻的感觉。

（6）胸廓宽厚，胸肌圆隆，乳房丰满而不下垂。

（7）腰细而有力，微呈圆柱形，腹部呈扁平状。标准的腰围应比胸围细1/3左右。

（8）臀部鼓实微上翘，不显下坠。

（9）下肢修长，两腿并拢时下视和侧视均无弯曲感。双臂骨肉均衡，玉手柔软，十指纤长。

（10）整体观望无粗笨、虚胖或过分纤细弱小的感觉，重心平衡，比例协调。

只有身体健康才能说美，女人的美丽是灵性加弹性——拥有活生生健康肉体的女人，才会永远吸引男人的目光，也才会成为社会生活中最美的风景。

职场升职，健康也要升值

对于身在职场的女性来说，她们不仅要承受来自工作上的压力，还要承担生儿育女、照顾家庭的责任。职场女性收入越高、地位越高，她们的"健康值"却在不断下滑。

作为新时代的职场女性，如何才能排解工作和生活上在压力，以健康美丽的形象迎接新一天的生活呢？

1. 合理地安排好日常工作和生活

注重健身，起居有规律，如果没有查出病来，只是因为心理压力引起的不适，应该找出产生压力的原因，采取措施自我调节。要正确地自我评价，合理地制定目标，量力而行；科学地安排时间，尽量争取支持，减少工作量；生活要有规律，要进行适度的体育运动，以健康的体魄来对抗压力。

2. 补充雌激素，及时有效地调节内分泌

因为雌激素能够改善女性器官和皮肤血液的供应量，延缓骨质疏松，使皮肤恢复弹性和润泽。但值得一提的是，服用雌激素之前，一定要认真检查体内实际激素水平，并且在医生的指导下正确使用。否则，不仅不能取得理想的效果，甚至还会有不良后果。现有的研究表明，错误地补充雌激素，出现子宫内膜癌、乳腺癌的机会会高8~10倍。

3. 采取有效方法进行心理调适

人在日常紧张的工作生活中，会遇到形形色色的人和各种各样的事，不可能尽善尽美，皆遂人意。矛盾、挫折、失败、不幸，每个人都会遇到。因此，在日常工作生活中，当遇到烦恼、怨恨、失望、悲伤或愤怒的事情时，要善于自我解除精神压力，调理好自己的心态。

4. 均衡膳食，合理摄取营养，注重饮食调理

通过饮食来缓解某些不适症。如有热潮红、心悸、失眠等情况，可多吃豆类、五谷杂粮等富含植物雌激素的食物，并减少红肉类的摄取，避免喝咖啡、浓茶、酒等刺激性饮料。少食辣椒、芥末、花椒、大蒜、葱、姜等辛辣燥热之物。不要过分依赖营养保健品。

5. 亲情的抚慰

亲情的作用对于生活和工作压力巨大的白领女性来说有不可小视的作用，尤其是夫妻间的恩爱所起的作用更为明显。那些长期经受工作和生活压力的白领女性，往往感情脆弱，易于冲动，遇刺激便好动怒。

心理学上的"宣泄效应"告诉我们，人一旦出现苦闷、烦躁、愤怒、痛苦等负面情绪，最好是能及时运用适当的方式进行排解、转移乃至消除。这种情绪的宣泄越及时、越酣畅、越彻底越好。

女人贫血食来补

女性一生中多有耗血或失血。平时若不善于养血，则易引起贫血，出现心慌、头晕、面色苍白、失眠等血虚病。对此，除请医生治疗外，还可采用以下方法进行自我调理：

1. 生活的调理

保持心情舒畅，避免剧烈活动、劳累。体位改变应缓慢进行，以免产生急性脑缺血而晕倒。

2. 心理调适

有一类女性事事以别人为先，吃亏让人，心中的矛盾和痛苦长期不得宣泄，导致肝气不舒、气滞血淤，经量过多。这种血虚症需要用逍遥散舒肝顺气，活血化瘀，并学会心理疏导，适当宣泄。补药可用西洋参含片。

3. 饮食的调摄

女人比较轻易出现贫血症状，大部分贫血的人是因为摄入铁质不足而导致贫血的。所以，在日常生活中可以从饮食中来调理。针对女人贫血，食补是最有效也最合适的方法。改善女人贫血的常见食物有哪些呢？

（1）绿色蔬菜和含铁量高的食物，如蛋黄、牛肉、肝、肾、海带、母鸡、鱼虾、红枣、猕猴桃、葡萄、桂圆、核桃、芝麻、胡萝卜、红薯、菠菜、洋葱及豆制品等食物。因为在补铁的同时辅以维生素C的摄入，这样有利对食物中铁的吸收。

（2）富含维生素C的食物。新鲜的水果和绿色蔬菜，如酸枣、杏、橘子、山楂、西红柿、苦瓜、青柿椒、生菜、青笋等。维生素C有参与造血、促进铁吸收利用的功能。

（3）富含铁的食物。鸡肝、猪肝、牛羊肾脏、瘦肉、蛋黄、海带、黑芝麻、芝麻酱、黑木耳、黄豆、蘑菇、红糖、油菜、芹菜等。铁是构成血液的主要成分，缺铁性贫血者较为常见。

（4）富含铜的食物。铜的生理功能是参与造血，铜缺乏也能引起铁的吸收障碍和血红蛋白合成减少。

（5）富含优质蛋白质的食物。如蛋类、乳类、鱼类、瘦肉类、虾及豆类等。另外，注意要适量适时饮茶，因为茶叶中含有的鞣酸能阻碍食物中铁质的吸收。

除了以上几大类食物，女人还可以针对自己的具体情况，试试下面的这些家常菜谱，既美容健身，又补血养颜。

1. 龙眼肉15克，红枣3～5枚，粳米100克。同煮成粥，热温服。

功效：养心补脾，滋补强壮。

2．新鲜羊骨2斤（1 000克），粳米200克。羊骨洗净捶碎，加水熬汤，去渣后，入粳米共煮成粥。10～15天为一疗程。

功效：补肾壮骨。

3．糙糯米100克，薏苡仁50克，红枣15枚。同煮成粥。食用时加适量白糖。

功效：滋阴补血。

4．首乌60克，红枣3～5枚，粳米100克。先以首乌煎取浓汁去渣，加入红枣和粳米煮粥，将成，放入红糖适量，再煮一二沸即可。热温服。首乌忌铁器，煎汤煮粥时需用砂锅或搪瓷锅。

功效：补肝益肾，养血理虚。

5．鸡蛋2个，取蛋黄打散，水煮开先加盐少许，入蛋黄煮熟，每日饮服2次。

功效：补铁，适用于缺铁性贫血。

6．猪肝150克，菠菜适量。猪肝洗净切片与淀粉、盐、酱油、味精适量调匀，放入油锅内与焯过的菠菜炒熟，或用猪肝50克洗净切片，放入沸水中煮至近熟时，放入菠菜，开锅加入调米，吃肝吃菜喝汤。

功效：补铁，适用于缺铁性贫血。

清除毒素，还女人一身美丽

健康像苹果，有时表里未必如一，外表可能鲜艳红润，里面一个小污点却可能从内"坏"到外。我们的身体不是设计好的程序，很多时候不免疏于管理，身体吸收各种物质有的太多，有的太少。这就成了体内的健康"污点"。看是红苹果，怎么做才真是苹果红？

毒素其实是体内多余的垃圾。来源主要有两个：食物消化、吸收后产生的代谢废物滞留；环境中得来的各种污染在体内沉积。每人每天都在不断地吸入这些垃圾，五脏六腑及血液或多或少都有贮存，只要排除得快，便算得上健康。如果毒素残留越来越多，超过身体排除功能负担，就会成为体内健康的障碍。

毒素残留在呼吸系统，使得经常感冒、咳嗽、气管敏感、哮喘。

毒素残留在胃肠道，使得有口臭气、偶发便秘、恶心、呕吐、腹泻。

毒素残留在皮肤，使得皮肤出现斑点、过敏、暗疮粉刺、湿疹。

毒素残留在骨骼，使得腰背疼痛、关节痛。

毒素残留在大脑，使得失眠、焦虑、抑郁、容易疲倦、神经紧张。

一不吐故，二不纳新，何来体内健康？吐故，纳新，然后人体或行或止或忧或思。永动机可以这样，永不会停止、永不会生锈，可惜人体不是设置好的机器，永远会有各种障碍冒出头来。该运走的垃圾运不走，该发给各处的供给发不下去，街上堆满垃圾，家中粮食光光，内健康社会一片混乱。女人不妨一一点数，拔除障碍，内脏正常工作可以恢复，年轻和美丽也由体内散发出来。

1. 肺脏排毒

肺脏是最易积存毒素的器官之一，每天的呼吸将约8 000升空气送入肺中，空气中飘浮的细菌、病毒、粉尘等有害物质也随之进入到肺脏。

（1）主动咳嗽。在空气清新的地方或雨后练习深呼吸，然后主动咳嗽几声，帮助肺脏排毒。

（2）多吃黑木耳。黑木耳含有的植物胶质有较强的吸附力，可以清肺、清洁血液，经常食用还可以有效清除体内污染物质。

2. 肾脏排毒

肾脏是排毒的重要器官，它过滤血液中的毒素和蛋白质分解后产生的废料，并通过尿液排出体外。

（1）不要憋尿。尿液中毒素很多，若不及时排出，会被重新吸收入血，危害全身健康。

（2）要多饮水。水可以稀释毒素的浓度，而且促进肾脏新陈代谢，将更多毒素排出体外。特别建议每天清晨空腹喝一杯温水。

（3）多吃蔬果。黄瓜、樱桃等蔬果有助于肾脏排毒。

3. 大肠排毒

食物残余在细菌的发酵和腐败作用下形成粪便，此过程会产生吲哚等有毒物质，再加上随食物或空气进入人体的有毒物质，需要尽快排出体外。

（1）每日规律排便。缩短废物在肠道停留的时间，减少毒素的吸收。最好时间定在清晨。

（2）生吃蔬果。生的蔬菜果汁中含有丰富的纤维素，相对于熟的蔬菜来说更容易被吸收，能够促进肠道的蠕动，排出体内的代谢物。

4. 肝脏排毒

肝脏是人体最大的解毒器官，各种毒素经过肝脏的一系列化学反应后，变成无毒或低毒物质。

（1）练习瑜伽。瑜伽是顶级的排毒运动，通过把压力施加到肝脏等解毒器官上，改善器官的紧张状态，加快其血液循环，促进排毒。

（2）多吃苦瓜。苦味食品一般都具有解毒功能。苦瓜中有一种蛋白质能增加免疫细胞活性，清除体内有毒物质。

5. 皮肤排毒

皮肤受"内毒"影响最明显，但也是排毒见效最明显的地方，能够通过出汗等方式排除其他器官很难排出的毒素。

每周至少进行一次使身体出汗的有氧运动，排出其他器官无法解决的毒素。

抗衰老，女人越吃越年轻

时光如水，女人最为害怕的就是衰老，当自己发现脸上第一条皱纹的时候，那种惴惴不安的感觉对每一个女人都是刻骨铭心的。

衰老固然不可避免，但是总可以让衰老的脚步放慢些、再慢些。许多工作繁忙而渴求美丽的女性尽管能抽出时间来做美容、买衣服，甚至服用保健品，却往往会忽视自己的饮食，千万不要忘记，饮食具有神奇的身心健康力量，远不是保健品和美容品所能完全替代的……从今天开始你该更加关注一下自己的食谱了！

爱美的女性，谁不想使自己更年轻，并能留住一份健康的美？想要年轻10岁，其实没有那么难。多吃下面的食物，并且长期坚持下去，你就会看到效果：

1. 花菜

又叫椰菜、菜花，有白、绿两种，白色的一般称为菜花或花菜，绿色的叫西兰花。花菜是抗击衰老的必选或者说是首选食物。

花菜中含有大量的抗癌酶、维生素A与维生素C，同时也是蔬菜中钙的一个良好来源。更重要的是，椰菜含有一种被称为isothiocyanate的抗癌成分。除此之外，花菜还含有可以防止骨质疏松的钙质、女性常常缺乏的铁元素以及有利于孕妇的叶酸。

2. 牛奶或酸奶

喝一杯240毫升的脱脂或低脂牛奶，即能吸收到300毫克的钙质。钙质能强健骨骼和牙齿，富含钙的饮食能降低高血压、乳癌、结肠癌等概率，也能舒缓经前症候群。除了钙质，牛奶中还含有丰富的蛋白质、维生素、核黄素和烟碱酸等。

酸奶不仅有助于消化，还能有效地防止肠道感染，提高人体的免疫功能。与普通牛奶相比，酸奶脂肪含量低，钙质含量高，还富含维生素B_2，这些元素都对人体大有裨益。

3. 蔬菜沙拉

数种绿色蔬菜混合后，例如富含维生素A、叶酸的莴苣和菠菜，纤维多的生菜，再加上西红柿、红萝卜、小黄瓜。研究指出，一天至少三份的蔬菜可以降低罹患癌症、心血管疾病和糖尿病的概率，对维持皮肤健康也有帮助，不过，记得高热量的沙拉酱不要加太多。

4. 黑木耳

黑木耳中含有充足的铁元素，它具有益气补血、凉血止血功效。众所周知，当女人气血充盈时，脸色会白里透红，精神状态也能年轻好几岁。据说，51岁的巨星麦当娜常葆青春的秘诀就是每天喝一碗用黑木耳和红枣一起煲的甜汤！

5. 燕麦

燕麦中含有丰富的蛋白质、钙和核黄素，它们可有效提高人体的新陈代谢速度，加速氨基酸合成，促进免疫细胞更新。每天早上吃燕麦，可让你的机体更年轻！

燕麦里含有苗葡聚糖，是一种海绵状可溶解的纤维素，可以化解早期的胆固醇，所以，每天吃点燕麦可以起到降低胆固醇的作用。燕麦里还含有亚油酸，所以燕麦有抑制胆固醇升高的作用。燕麦所含的多种酶类有较强的活力，能够帮助延缓细胞的衰老。

6. 香蕉

香蕉含有丰富的维生素A、维生素B、维生素C、维生素E和铁质，还含有协调身体酸碱度平衡的磷和矿物质，是提神醒脑的最佳保健食品之一。

7. 西红柿

西红柿是深受人们喜爱的一种食物，它以鲜美的味道、极高的维生素含量和较为低廉的价格为自己赢得了"平民水果之王"的称号。

多吃西红柿可以降低胆固醇的含量，西红柿中丰富的维生素还可以辅助治疗贫血。主要的是：西红柿中还含有一定量的钾离子和镁离子，它们都具有降压的作用，能扩张血管，增加血管舒缓度，有助于展平皱纹，使皮肤细嫩光滑。据研究测定：每人每天食用

50～100克鲜西红柿，即可满足人体对几种维生素和矿物质的需要。

8. 黑加仑

在欧洲国家颇为流行的黑加仑，被证明有一定的抗衰老功效。其原因在于黑加仑中含有大量的酚类物质，它能有效降低体内衰老基因的作用效果，让你看上去比实际年龄更年轻！

女人是水做的，今天你补水了吗

世上一切生物衰老的过程，都是细胞不断干枯凋亡的过程。大到千年老树，小到一棵小草、一片嫩叶。人的皮肤细胞和人体的其他细胞一样，大部分的成分是水。当水充足的时候，皮肤细胞就会充满活力，抵御严酷环境、修复自身的能力就强。当水分缺乏的时候，皮肤细胞就如同渴的没有力气的人一样，缺乏活力，抵御外界的能力就会迅速减弱。

女人皮肤的年龄和皮肤的含水量息息相关。医疗专家通过检测发现，同样是20来岁的女孩，每天补水的女孩皮肤含水量还保持在少女的水平，而基本不补水的女孩，水分已经流失到中年人的程度了。当皮肤水分不充足的时候，皮肤会老化很快。

不仅是老化，80%的皮肤问题，都可以归结于缺水。无论是皮肤干燥、紧绷、粗糙、失去弹性、脱屑，还是青春痘、黑头、粉刺、毛孔粗大，这些皮肤问题都是皮肤缺水的信号，都需要立即补水。

肌肤补水的目的是为了保证皮肤内有充足的水分，并呈现水润、亮泽的外观。补水是对皮肤最好的护理，每个女人都需要科学地补水。

不妨试试下面的一天补水计划：

早晨起床时一杯：早晨醒来时，身体各组织器官完成了新陈代谢，积聚了很多废物，此时喝水可以使副交感神经兴奋，刺激肠道活动，促进胃肠蠕动，排出宿便。

早餐前一杯：经过一夜的睡眠，身体普遍缺水，喝水可以促进消化液分泌，有助于吸收。

午餐前一杯：在空调房间里坐了一上午，喝些水可以滋润皮肤、润滑肠道。

外出后一杯：冬天天气干燥，呼吸时会排出水分，而且在室外灰尘、细菌容易进入身体，外出归来后喝水不仅补充身体所需，而且可以促进有害物质的排出。

晚餐前一杯：晚餐不要吃得太饱，这杯水可以在餐前喝，甚至边吃边喝，可以稀释胃液，抑制食欲，避免饮食过量。

沐浴前一杯：沐浴时室温升高，喝水能促进排汗，同时排出体内的废物。

沐浴后一杯：为了弥补排汗带走的水分，浴后可以补充饮水。

睡前一杯：要睡觉了，身体准备关门做扫除，此时喝些水有助于清理体内毒素。

另外，运动时容易出汗，所以女人在运动时要特别注意给身体及时补水。

"要想皮肤好，得把水补好。"女人是水做的，所以更应当注意科学补水。对女人来说，科学地补水，既增强了皮肤抵御外界侵蚀的能力，也增强了皮肤的自我调节能力，延长了皮肤的寿命，让皮肤保持光滑、丰盈、滋润、亮丽。无论何时，只要你能够做到科学有计划地补水，你都是最引人注目的水美人。

为了健康，开怀大笑吧

一直以来，民间和医学家都认为笑有促进健康的作用，"笑一笑，十年少"和"一份快乐的心情胜过十份良药"等谚语名言都暗示了笑对人体健康的积极作用。

笑是一种良好的健身运动，笑是一种最有效的消化剂，笑能增强人体的免疫力、提高机体的抗病能力。根据美国马里兰大学医疗团队的研究，每天大笑15～20分钟，有助放松心情，以及心脏血管的运动，自然有益身体健康，大笑，因此成了最健康的身体运动。

女人，今天你开怀大笑了吗？

1. 健康之笑发自心底

笑是生理和心理和谐的交融，欢乐愉快的共鸣。健康乐观的笑是发自内心的自然欢笑。人逢喜事笑颜开，它是内心世界的表露，这样的笑是对身体有益的。而那些狂笑、狞笑之类，对身体并非有益，有时会因此而得病。什么样的笑最好呢？听听相声，欣赏一些有意思的哑剧、或幽默作品等，所发出的和谐、轻松、舒适的笑，是有益健康的自然之笑。

2. 知足常乐是笑的源泉

一个人要永远保持愉快的情绪、欢乐的笑容，首先要培养乐观主义精神、"知足常乐"的思想。只有心理上的平衡和稳定，才能保持笑颜常驻，笑口常开。现实生活小的很多忧愁烦恼，多数来自名利和享受方面的不知足。因此，要常体会"比上不足，比下有余""知足常乐"的道理。足而生乐，乐而生喜，喜则生情，情则养人。精神焕发，笑逐颜开，有益于身心健康。

3. 幽默轻松是笑的关键

列宁曾说过："幽默是一种优美的、健康的品质。"幽默是具有智慧、教养和道德上的优越感的表现。幽默轻松，表达了人类征服忧患和困难的能力，它是一种解脱，是对生活居高临下的"轻松"审视。一个浑身洋溢着幽默的人，必定是一个乐天派。愁眉苦脸是滋生不出幽默来的。幽默的直接效果是产生笑意，令人如沐春风，神清气爽，气恼全消。其潜移默化之效是愉悦心灵、延年益寿。在人的精神世界里，幽默、欢笑实是一种丰富的营养。因此，每个人都应培养自己的幽默感。在生活中遇到的各种困难和矛盾，若以幽默待之必会增添无穷妙意异趣。生活在幽默风趣的气氛中，脸上经常会显现出健康轻松的微笑。

4. 生活丰富是笑的条件

要想使自己保持健康的心理状态，首先要热爱自己的工作。志有所专，乐以忘忧，以对社会有所贡献引以为荣。除此而外，要兴趣广泛多样，自寻乐趣。琴棋书画，花木鸟鱼，旅游观赏等活动，都有益于身心的调节。再者，要广交朋友，乐于互相交谈，互吐衷情，使情绪变得豁达、轻松。总之，用丰富多彩的爱好兴趣，调剂、装饰自己的生活，使生活充满情趣，五彩缤纷，激发热爱生活的强烈愿望。欢乐之情溢于言表，心胸开阔，开朗乐观，生命之树才能长青。

世界卫生组织认为，健康是身体的、精神的健康和社会幸福的完善状态，不难看出，笑是唯一能覆盖身体、精神、社会这三个方面的"全能"高手。女人，为了健康，为了幸福，不要忘了时常开怀大笑吧！

运动运动，轻松做个不老女神

很多女性舍得花钱买衣服，买化妆品，做美容，但很少有人舍得花钱去健身。运动有健身美容的功效，事实上它的作用不仅仅于此。运动所带来的身体的活力，可以让女人的心态也变得年轻。

运动是女人的活力之源，是女人的美丽之源。能让你从二十几岁开始，一直美到耳顺之年。运动给女性带来的好处显而易见，当然，如果女人希望把青春留得时间长一些，并保持迷人的魅力，应该根据年龄制定合理的锻炼方案，因为并不是所有的运动都适合女性。

二十多岁：20岁正是女性焕发青春魅力的年龄，如果从20岁开始就根据自身状况有选择地参加一些运动，对身心有百利而无一害。这样做还会为迎接组建家庭和怀孕生子的挑战奠定坚实的基础。

可选择高冲击有氧运动、跑步或拳击等运动方式。对你的身体而言，好处是能消耗大量卡路里，强化全身肌肉，增进精力、耐力与手眼协调。在心理上，这些运动能帮助你解除外在压力，让你暂时忘却日常杂务，获得成就感。

同时，跑步还有激发创意、练习自律力的优点；而拳击除了培养信心、克制力与面对冲突的能力等好处，更适合拿来当做"出气筒"。

三十多岁：女性在更年期以后的5～7年里，骨质最多能流失20%，所以很容易患骨质疏松症。虽然女性进入30岁后出现骨质疏松的情况很少，却是保护骨质的大好时期，不容错过。

可以选择攀岩、滑板运动、溜冰或者武术来健身。除了减肥，这些运动能加强肌肉弹性，特别是臀部与腿部；还有助于增强活力、耐力，能改善你的平衡感、协调感和灵敏度。

在心理上，攀岩能培养禅定般的专注工夫，帮助你建立自信与策略思考力；溜冰令人愉悦、多感，忘却不快；武术帮助你在冲突中保持冷静、自强与警觉心，同样能有效增进专心的程度。

四十多岁：从40岁开始，女性一年将流失三分之一磅的肌肉，但得到相同重量甚至更多的脂肪——如果不运动的话。结果，中年发福，让你再也穿不下年轻时的裙子。但通过运动建造肌肉，可加速新陈代谢，因为肌肉比脂肪燃烧更多的热量。

选择低冲击有氧运动、远行、爬楼梯、网球等运动。对身体的好处是能增加体力，加强下半身肌肉，特别是双腿，像爬楼梯既可以出汗健身，又很适合忙碌的城市上班族天天就近练习。

网球则是非常合适的全身运动，能增加身体各部位的灵敏度与协调度，让人保持活力充沛，同时对于关节的压力也不如跑步和高冲击有氧运动来得大。而在心理上，这些运动让人神清气爽，松弛紧张的压力。

五十多岁：适合的运动包括游泳、重量练习、划船，以及打高尔夫球。游泳能有效加强全身各部位的肌肉与弹性，而且由于有水的浮力支撑，不如陆上运动吃力，特别适合疗养者、孕妇、风湿病患者与年纪较大者。重量练习能坚实肌肉、强化骨骼密度，提高其他运动能力；而打高尔夫球时假如能自己走路、自背球袋，而且加快脚步，常有稳定心脏功能的效果。

心理上，游泳兼具振奋与镇静的作用，专心的划水让人忘却杂务；重量练习有助提高自我形象满足度，让压力与烦躁都随汗水宣泄而出；团队一起划船能培养协同与团队精神；打高尔夫球则可让人更专心、更自律。

六十岁以上：多做散步、交谊舞、瑜伽或水中有氧运动。散步能强化双腿，帮助预防骨质疏松与关节紧张；交谊舞能增进全身的韵律感，协调感和优雅，非常适合不常运动的人选择尝试；瑜伽能使全身更富弹性与平衡感；能预防身体受伤；水中有氧运动主要增强肌肉力量与身体的弹性，适合肥胖者、孕妇或老弱者健身。

这些都不算是激烈的运动，但是在健身之外，它们的最大功用是能使人精神抖擞，感觉有趣，并且有社交的作用，是让老年人保持年轻心态的一个好方法。

女人资本课：健康女人每天十件事

健康是女人最宝贵的财富，有了健康的身体，女人才有满意的事业、美满的家庭、美好的生活。奔波于职场和家庭之间的现代女性们，一定要注意关爱和珍惜自己的身体，养成良好的健康生活习惯。

新的一天开始了，除了要忙于工作和处理家庭事务外，女人千万不要忘了要做好以下有益健康的10件事。

1. 一天两杯白开水

女人是水做的，充足的水分是女人健康和美容的保障。女人若缺水，就会使她们的身体过早衰老，皮肤因缺水而失去光泽。女人的代谢慢，消耗也低，因此，女人如果喝水比较少，就会使身体和皮肤的问题同时出现。

女人应该做的是：每天至少两杯白开水，早晚各一杯。早上的一杯可以清洁肠道，补充夜间失去的水分，晚上的一杯则能保证睡觉时血液不至于因缺水而过于黏稠。血液黏稠会加快大脑的缺氧、色素的沉积，使衰老提前来临。

2. 一片多种维生素复合片

为了减肥而节食的女人在现代社会中比比皆是，这样就难以保证身体获得充足的营养。所以，每天补充必需的维生素和微量元素是现代女性保健之必需。女人可以选择多种维生素的复合剂，比如"施尔康"。

女人年龄超过30岁时，为延缓衰老的到来，维生素C、E是必须补充的，可以选择"维生素EC合剂"。它们可以中和侵袭人体皮肤组织的自由基因，对豆肤起保护作用。为了防止骨质疏松，30岁开始就应该每天服用一定的钙剂，以乳酸钙、柠檬酸钙为好。

3. 一杯醋

醋在女人生活中发挥着非常重要的作用，女人还是有点"醋意"的好。每日三餐中摄入的食用醋可以延缓血管硬化的发生。除了饮食之外，在化妆台上加一瓶醋，每次在洗手之后先敷一层醋，保留20分钟后再洗掉，可以使手部的皮肤柔白细嫩。如果你住地的自来水水质较硬，可以在每天的洗脸水中稍微放一点醋，就能起到养颜的作用。

4. 一杯酸奶加一袋鲜奶

女人是最容易缺钙的，而牛奶中含钙量很高，其补钙效果优于任何一种食物，特别是酸奶，更容易被人体吸收。

所以，女人应每天保证喝一杯酸奶。另外的一袋鲜牛奶，则是为美容准备的。

如果每星期能够选1天去做个"桑拿浴"，蒸去皮肤表层的脏东西，不但能美容，而且又能保养皮肤。其中牛奶就是最便宜又是最有效的美容面膜。在桑拿室中蒸10分钟后，用鲜牛奶涂抹全身保留半小时，待洗浴结束后再冲掉，经过牛奶浴的皮肤会明显地细嫩起来。最重要的是，这样美容的全部价格不会超过15元。

5. 一瓶矿泉水

名副其实的矿泉水中含有的微量元素和矿物质是皮肤最需要

的。清洁脸部后仰卧，用矿泉水浸湿一块干净的纱布，然后敷在脸上，等到纱布变干后再次浸湿。如此反复进行，就等于给面部做了一次微量元素的营养补充。

6. 一袋茶叶

茶，女人是一定要喝的，对于那些想要减肥的女人来说，茶是最天然、最有效的减肥剂，其中以绿茶和乌龙茶最好，再没有什么比茶叶更能消除肠道内淤积的脂肪了。另外，便秘的女人可以每个星期饮用二至三次缓泻茶，保持大便每天通畅，是女人保健的关键。

7. 一个西红柿或一片维生素C泡腾片

在水果和蔬菜中，西红柿是维生素C含量最高的一种，女人每天至少应保证摄入一个西红柿，以便满足一天所需的维生素C。如果因各种原因办不到，则至少要每天喝一杯用维生素C制成的泡腾片饮品。要注意，泡腾片溶解后要立即喝掉，否则其氧化的速度很快，水中的维生素C也就失效了。

8. 一个简单的面膜

在每天晚上临睡前，女人应该做一个简单的面膜。面膜的作用就是将沉积在面部的脏东西消除掉，让皮肤作一次彻底的清洁，然后涂上护肤品，从而使晚间的皮肤得到最好的修复。

9. 一个美容觉

女性的睡眠时间不能过晚，特别是超过晚上11时，因为从晚上10时到第二天早上5时，是皮肤修复的最佳时间，而睡眠中的修复才有效。如果入睡时间超过了子夜，即使是第二天起得再晚，睡得再长，也已经错过了皮肤的最佳保养时间。

10. 一份幸福好心情

情绪会影响你的心理状态，甚至是身体健康。想要幸福每一天，就要努力提高自己的心理状态。每天梳洗结束对着镜子做个鬼脸，笑一笑身体好。

后记　女人好命靠自己

天下女人，终其一生都在追求爱情和幸福，然而对于如何才能拥有真正的爱情和幸福，很多女人内心却很茫然，找不到正确的答案。有的女人一生徘徊在爱情和幸福的大门外，自怨自艾，怨天尤人，活得像个怨妇。

近些年，中央电视台一套有个节目叫《开讲啦》，有位美眉问导演李少红：是干得好还是嫁得好，两者必须只选一的话，你怎么办？其实这个问题在很多女性心中已经问过很多遍了。答案显而易见：干得好！干得好是前提，嫁得好是机缘，女人只有干得好才能嫁得好。

每个女人都应知道：靠什么才能获得真实持久的幸福感和安全感？靠容貌？靠背景？靠男人？……容貌会随着岁月的流逝而凋谢；背景只能给你提供暂时的支撑，不能一张长期使用的免费饭票；靠男人更是大错特错了，靠男人的女人永远没有自己的体面尊严，没有自己独立的人格，没有自己自由的生活，而现实生活中一个个鲜活惨痛的例子也给了女人以的严厉的警醒和深刻的教训。

女人好命靠自己！在这个男人称雄的世界，女人要想赢得自己梦想中的生活，就要抛弃"找个男人安全过一生"依赖的心理，自尊自信，自立自强。靠自己的资本去打拼出属于自己的一片人生天空。女人只有努力打造自己的资本，由内而外修炼自己，才能出得了厨房，入得了厅堂，情场不输人，职场不输阵，在人生的大舞台上进退自如、长袖善舞，绽放出最美的姿态。

愚昧的女人等待幸福，智慧的女人创造幸福。智慧的女人懂得"为悦己者容，也为悦己而容"，她们能尊重别人，也会宠爱自己；她们从不回避人生，也从不放弃自己；她们不念过去，不畏将来，只一心一意地活在现在，做最好的自己。因为她们懂得：女人的命运无关乎外界，只关乎自身，只有自己才能给自己真实、稳当、可靠、持久的幸福感和安全感！

你还在为未来的人生迷茫和担忧吗？你还在羡慕别的女人好命又幸福吗？别再犯迷糊了，别再抱怨了，你想的幸福感和安全感要靠自己给。

打造属于自己的独一无二的资本，每个女人都能活出自己的美丽，赢得一生的好命！